Mathe*freunde* 2

Herausgegeben von

Edmund Wallis, Leipzig

Erarbeitet von

Catrin Elies, Stendal
Kathrin Fiedler, Görlitz
Ursula Kluge, Kühnitzsch
Nancy Lopp, Magdeburg
Isabel Miedtke, Zwickau
Jana Richter, Erfurt
Jana Scherbaum, Halberstadt
Birgit Schlabitz, Berlin
Edmund Wallis, Leipzig

VOLK UND WISSEN

Inhalt

Die Zahlen bis 100

Addieren und Subtrahieren bis 10 ... 4
Addieren und Subtrahieren bis 20 ... 6
Tauschaufgaben und Umkehraufgaben ... 10
Addieren und Subtrahieren mit drei Zahlen ... 12
Die Zehnerzahlen bis 100 ... 13
Addieren und Subtrahieren mit Zehnerzahlen ... 14
Alle Zahlen bis 100 ... 16
Vergleichen und Ordnen der Zahlen bis 100 ... 17
Sachaufgaben – Schrittfolge zum Lösen ... 18

Kann ich das schon? ... 20

Geometrie

Geraden, die einander schneiden ... 22
Geraden, die zueinander parallel sind ... 23
Geraden, die zueinander senkrecht sind ... 24

Addieren und Subtrahieren bis 100

Addieren einstelliger Zahlen zu Zehnerzahlen ... 25
Ergänzen zum nächsten Zehner ... 26
Subtrahieren einstelliger Zahlen von Zehnerzahlen ... 27
Addieren einstelliger Zahlen zu zweistelligen Zahlen ... 28
Subtrahieren einstelliger Zahlen von zweistelligen Zahlen ... 29
Addieren und Subtrahieren ... 30
Sachaufgaben – Fragen stellen und beantworten ... 31
Addieren mit Zehnerübergang ... 32
Subtrahieren mit Zehnerübergang ... 33
Addieren und Subtrahieren ... 34
Sachaufgaben – Besondere Wörter 36

Größen

Rechnen mit Geld ... 38
Kilogramm – Gramm ... 40

Freundeseiten – Lernen mit dem Partner oder in der Gruppe ... 42
Kann ich das schon? ... 44

Geometrie

Dreiecke und Vierecke ... 46
Rechtecke und Quadrate ... 48
Muster ... 51

Größen

Meter und Zentimeter ... 52
Zeichnen von Strecken ... 53
Millimeter ... 54

Rechnen mit zweistelligen Zahlen

Addieren mit zweistelligen Zahlen und Zehnerzahlen ... 55
Subtrahieren mit zweistelligen Zahlen und Zehnerzahlen ... 56
Addieren zweistelliger Zahlen ohne Zehnerübergang ... 57
Subtrahieren zweistelliger Zahlen ohne Zehnerübergang ... 58
Addieren und Subtrahieren ... 59

Geometrie

Quader, Würfel und Kugel ... 61
Bauen mit Würfeln ... 64

Rechnen mit zweistelligen Zahlen

Addieren zweistelliger Zahlen mit Zehnerübergang ... 65
Subtrahieren zweistelliger Zahlen mit Zehnerübergang ... 67
Addieren und Subtrahieren mit Zehnerübergang ... 69
Sachaufgaben ... 70

Freundeseiten – Lernen mit dem Partner oder in der Gruppe ... 72

Kann ich das schon? 74

Multiplizieren und Dividieren

Multiplizieren 76
Multiplizieren mit 2 80
Multiplizieren mit 10 82
Multiplizieren mit 5 83
Dividieren 84
Dividieren – Umkehraufgaben 86
Dividieren durch 2 87
Verdoppeln/Halbieren. 88
Gerade und ungerade Zahlen 90
Dividieren durch 10 91
Dividieren durch 5 92
Multiplizieren und Dividieren
mit 1 und 0 93
Multiplizieren und Dividieren 94
Dividieren mit Rest 96
Teilbarkeitsregeln für 2, 5 und 10 . . . 97

Geometrie

Zeichnen von Kreisen 99
Symmetrische Figuren 100

Größen

Zeit und Uhrzeit 102
Die Uhrzeit 103
Zeitpunkt und Zeitdauer 105
Zeitangaben bei Veranstaltungen . . 106
Minuten, Sekunden 107

Freundeseiten – Lernen mit dem Partner
oder in der Gruppe 108
Kann ich das schon? 110

Multiplizieren mit und Dividieren durch 4, 8, 3, 6, 9 und 7

Multiplizieren mit 4 112
Dividieren durch 4 113
Multiplizieren mit 8 114
Dividieren durch 8 115
Multiplizieren mit 3 116
Dividieren durch 3 117
Multiplizieren mit 6 118
Dividieren durch 6 119
Multiplizieren mit 9 120
Dividieren durch 9 121
Multiplizieren mit 7 122
Dividieren durch 7 123
Multiplizieren und Dividieren 124

Kombinieren – Daten in Tabellen

Häufigkeit und Wahrscheinlichkeit . . 126
Kombinieren 128
Informationen aus Tabellen 130
Sammeln von Daten 131

Größen

Kalender – Tage einer Woche 132
Monate und Datumsangabe 133

Freundeseiten – Lernen mit dem Partner
oder in der Gruppe 134
Kann ich das schon? 136

Projektideen

Zahlen überall 138
Mathematik zum Staunen
und Spielen 140
Mathematik in der Kunst 142

Die Aufgaben sind so nummeriert: 1

Hier ist es etwas schwieriger: 1

So erkennst du eine kniffelige Aufgabe: 1

So erkennst du Aufgaben, die jeder lösen kann 1

Auf den blauen Zetteln findest du die Lösungen:

Merkkasten **MERKE DIR**

Wiederholungskasten **WIEDERHOLE**

Lerne mit deinem Nachbarn

Addieren und Subtrahieren bis 10

Erinnere dich:

Summand Summand
3 + 2 = 5
Summe Summe

1 Berechne die Summen.

a) 1 + 4
4 + 4
3 + 7
3 + 3

b) 5 + 2
3 + 5
5 + 5
3 + 4

c) 5 + 1 + 3
4 + 0 + 4
3 + 2 + 5
0 + 1 + 5

Finde die Lösungswörter

5	6	7	8	9	10
D	K	G	A	B	N

2 Wie heißt der Summand?

a) 5 + ☐ = 8
2 + ☐ = 9
3 + ☐ = 7
4 + ☐ = 4

b) ☐ + 2 = 10
☐ + 5 = 7
☐ + 6 = 6
☐ + 3 = 9

c) 5 + ☐ = 8
☐ + 5 = 7
5 + ☐ = 8
☐ + 5 = 7

0 0 2 2
3 4 4 5
6 7 8 8

3 Setze das richtige Zeichen: < = >.

a) 4 + 3 ○ 6
2 + 6 ○ 8
1 + 8 ○ 10
3 + 5 ○ 7

b) 5 + 0 ○ 5
1 + 6 ○ 8
2 + 5 ○ 7
3 + 5 ○ 7

c) 10 ○ 5 + 5
8 ○ 3 + 5
6 ○ 1 + 4
7 ○ 2 + 6

d) 9 ○ 3 + 6
7 ○ 4 + 4
8 ○ 5 + 4
10 ○ 6 + 5

4 a) Die Summe ist 8. Ein Summand ist 2.
Wie heißt der zweite Summand?

b) Ein Summand ist 3.
Der andere Summand ist doppelt so groß.
Berechne die Summe.

c) Welche Summanden ergeben die Summe 8?
Schreibe drei Beispielaufgaben auf.

5

+ 4	
3	
6	
5	
	4
	8

+ 5	
2	
4	
1	
	9
	7

1 und 2: Summen und Summanden berechnen; Sicherheit beim Umgang mit den Fachbegriffen anstreben 3: Relationszeichen setzen 4: Fachwortschatz verstehen; Aufgaben bilden und lösen
5: Rechnen in Tabellen

Erinnere dich:

Minuend Subtrahend

8 − 3 = 5

Differenz Differenz

1 Berechne die Differenzen.

a) 8 − 6
10 − 9
9 − 3
6 − 6

b) 10 − 7
10 − 6
9 − 8
7 − 5

c) 8 − 3 − 2
9 − 3 − 1
8 − 2 − 0
10 − 4 − 6

Finde die Lösungswörter

0	1	2	3	4	5	6
U	L	B	G	E	R	A

2 a) Wie heißt der Subtrahend?

9 − ☐ = 5 10 − ☐ = 1
8 − ☐ = 4 10 − ☐ = 5
6 − ☐ = 6 10 − ☐ = 7
7 − ☐ = 2 10 − ☐ = 4

b) Wie heißt der Minuend?

☐ − 4 = 5 ☐ − 8 = 0
☐ − 8 = 1 ☐ − 5 = 4
☐ − 7 = 2 ☐ − 6 = 1
☐ − 6 = 3 ☐ − 3 = 6

3 Setze das richtige Zeichen: < = >.

a) 8 − 4 ◯ 4
8 − 3 ◯ 6
8 − 5 ◯ 3
8 − 7 ◯ 3

b) 9 − 4 ◯ 5
9 − 6 ◯ 4
9 − 3 ◯ 6
9 − 8 ◯ 1

4

− 6	
8	
10	
9	
6	

− 4	
7	
9	
5	
10	

5 Im Bus sitzen 9 Kinder. An der 1. Haltestelle steigen 3 Kinder aus und an der 2. Haltestelle steigen 4 Kinder aus. Wie viele Kinder sind noch im Bus?

6 a) Der Minuend ist 7. Die Differenz ist 4.
Wie heißt der Subtrahend?

b) Der Minuend ist 10. Der Subtrahend ist halb so groß.
Berechne die Differenz.

c) Die Differenz ist 4. Wie könnte der Minuend und der Subtrahend heißen?
Schreibe drei Beispiele auf.

1 und 4: Differenzen berechnen 2: Subtrahend/Minuend berechnen
3: Relationszeichen setzen 5: Aufgabe bilden, lösen und antworten
6: Fachwortschatz verstehen; Aufgabe bilden und lösen

Addieren und Subtrahieren bis 20

1 Erinnere dich.

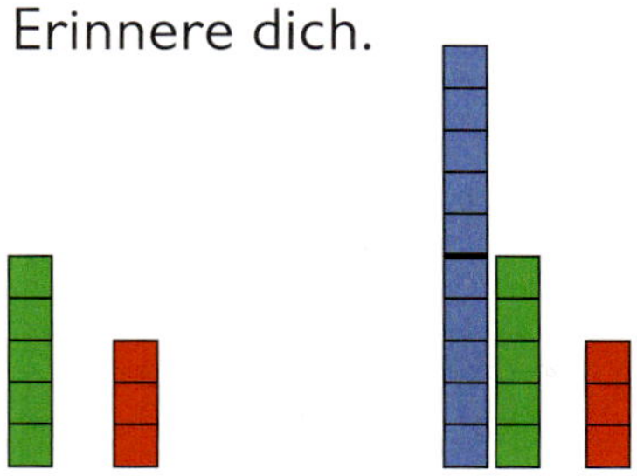

5 + 3 = ___ 15 + 3 = ___

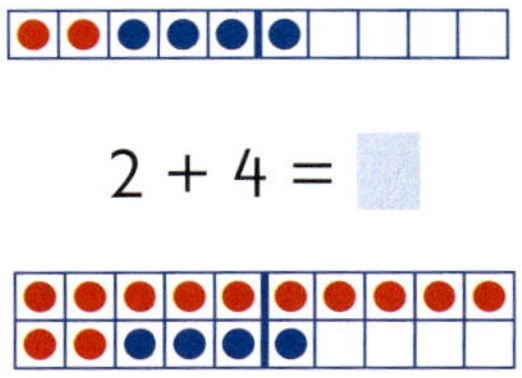

2 + 4 = ___

12 + 4 = ___

2 Berechne die Summen.

a)	b)	c)
11 + 5	8 + 11	7 + 12
15 + 4	6 + 14	13 + 5
10 + 3	4 + 13	7 + 11
12 + 6	3 + 11	16 + 3

13 14 16 17 18 18 18 19 19 19 19 20

3 Berechne den Summanden.

a)	b)
12 + ___ = 18	___ + 11 = 17
11 + ___ = 20	___ + 14 = 19
15 + ___ = 19	___ + 11 = 18
13 + ___ = 18	___ + 12 = 16

4 4 5 5 6 6 7 9

4 Finde das Lösungswort.

a)	b)
14 + 2 + 4	3 + 2 + 12
10 + 6 + 3	5 + 3 + 11
14 + 4 + 1	2 + 10 + 6
13 + 5 + 2	2 + 3 + 11

16 = N	17 = T	18 = R	19 = E	20 = S

5 Wahr (w) oder falsch (f)?

a)	b)
12 + 6 > 18	4 + 10 + 3 = 18
11 + 5 < 17	12 + 3 + 4 < 20
16 + 3 < 20	5 + 11 + 2 > 18
14 + 4 = 17	11 + 4 + 3 < 19

6 a)

+	6	3	2	5
11				
13				

b)

+		4	0	
12	13			
15				20

7 Lisa kauft ein Märchenbuch für 12 €. Annas Buch war 4 € teurer. Wie teuer war Annas Buch?

8 Lisa ist 3 Jahre älter als ihre 11-jährige Schwester. Ihr Bruder ist 4 Jahre älter als sie. Wie alt sind Lisa und ihr Bruder?

1 und 2: Summen berechnen 3: Summanden berechnen 4: Addieren mit 3 Summanden
5: Aussagen auf Wahrheitgehalt prüfen 6: Tabellen lösen 7: Rechnen mit Geldbeträgen
8: Sachaufgaben lösen

AH 3 | TÜ 2–4

1 Erinnere dich.

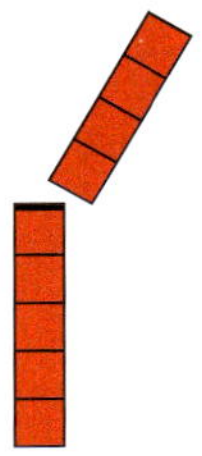

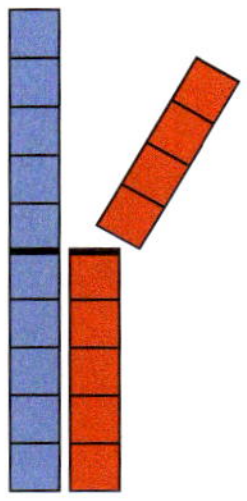

9 − 4 =

19 − 4 =

8 − 3 =

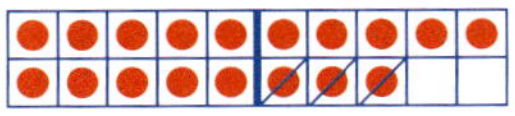

18 − 3 =

2 Berechne die Differenzen.

a)	b)	c)
17 − 7	20 − 2	14 − 3
15 − 5	17 − 4	15 − 4
19 − 6	20 − 9	18 − 7
16 − 4	18 − 6	19 − 6

10 10 11 11 11 11 12 12 13 13 13 18

3 Ergänze.

a)	b)
17 − ☐ = 12	☐ − 4 = 12
14 − ☐ = 11	☐ − 6 = 13
18 − ☐ = 12	☐ − 5 = 12
19 − ☐ = 15	☐ − 2 = 18

3 4 5 6 16 17 19 20

4 Setze das richtige Zeichen: < = >.

a)		b)	
18 − 3 ☐ 14		17 ☐ 20 − 4	
17 − 6 ☐ 12		15 ☐ 19 − 3	
19 − 7 ☐ 12		12 ☐ 16 − 4	
20 − 9 ☐ 12		13 ☐ 18 − 6	

5 Finde das Lösungswort.

a)	b)
13 − 5 − 5	18 − 4 − 1
14 − 0 − 3	12 − 3 − 7
15 − 3 − 1	10 − 4 − 4
13 − 6 − 4	16 − 7 − 6

3 = T	11 = E	13 = A	2 = S

6 a)

−	6	3	2	5
16				
19				

10 11 13 13 14 14 16 17

b)

−	3	7	6	4
17				
20				

10 11 13 13 14 14 16 17

7 Wie heißen die Zahlen?

Meine Zahl ist um 4 kleiner als das Doppelte von 10.

Meine Zahl ist größer als 11 + 6 und kleiner als 19.

Meine Zahl ist kleiner als 19 − 4 und größer als 11 + 2.

1 und 2: Differenzen berechnen 3: Subtrahend/Minuend berechnen
4: Relationszeichen setzen 5: Subtrahieren mit zwei Subtrahenden
6: Tabellen lösen 7: Gesuchte Zahlen bestimmen

9 + 3 = ☐

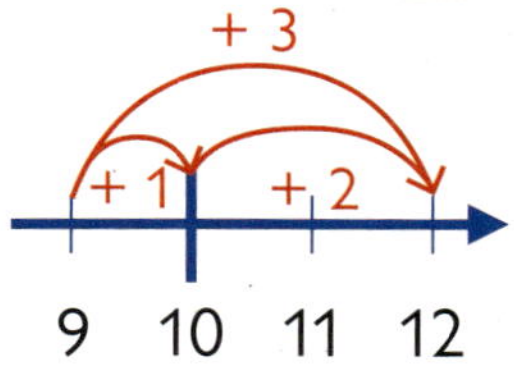

Rechne so:	Schreibe so:	oder so:
	9 + 3	9 + 3
Zerlege die zweite Zahl.	9 + 1 = 10	9 + 3 = 9 + 1 + 2
Ergänze zum Zehner.	10 + 2 = 12	9 + 3 = 10 + 2
Addiere den Rest.	**9 + 3 = 12**	**9 + 3 = 12**

1 a) 7 + 4, 8 + 7, 6 + 5, 7 + 7
b) 5 + 7, 4 + 8, 6 + 9, 5 + 8
c) 9 + 7, 3 + 8, 7 + 6, 5 + 6

2 9 + ☐ = 14
3 + ☐ = 11
7 + ☐ = 12

3 ☐ + 7 = 14
☐ + 6 = 11
☐ + 3 = 12

12 − 3 = ☐

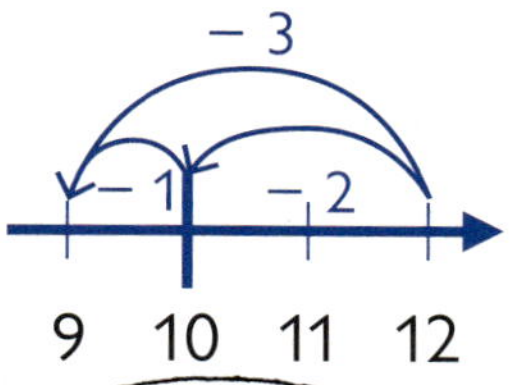

Rechne so:	Schreibe so:	oder so:
	12 − 3	12 − 3
Zerlege die zweite Zahl.	12 − 2 = 10	12 − 3 = 12 − 2 − 1
Subtrahiere bis zum Zehner.	10 − 1 = 9	12 − 3 = 10 − 1
Subtrahiere den Rest.	**12 − 3 = 9**	**12 − 3 = 9**

4 a) 12 − 4, 13 − 6, 14 − 7, 11 − 5
b) 17 − 8, 15 − 7, 12 − 4, 13 − 9
c) 18 − 9, 17 − 9, 17 − 7, 14 − 5

5 10 − ☐ = 2
13 − ☐ = 5
15 − ☐ = 9
17 − ☐ = 8

6 ☐ − 1 = 10
☐ − 9 = 8
☐ − 6 = 7
☐ − 5 = 6

1: Addieren; gegebene Schrittfolge anwenden 2 und 3: Summanden bestimmen
4: Subtrahieren; gegebene Schrittfolge anwenden 5 und 6: Minuend/Subtrahend bestimmen

AH 5 | TÜ 2–4

1 Hier haben sich Tiere versteckt. Ihre Namen findest du mit den Lösungszahlen. Rechne und ordne den Namen die Lösungen zu.

a) 7 + 6
6 + 9
3 + 8
9 + 9

b) 14 − 7
13 − 5
12 − 5
16 − 7

c) 3 + 9 + 7
14 − 6 − 3
9 + 8 − 2
13 − 9 + 4

d) 6 + 9 − 2
20 − 8 − 7
7 + 9 − 8
15 − 3 − 5

5	7	8	9	11	13	15	18	19
A	E	S	L	N	H	U	D	M

2 Hier werden Aufgaben gewürfelt.
Schreibe zu jedem Würfelbild 4 Aufgaben mit plus auf und löse sie.

a) 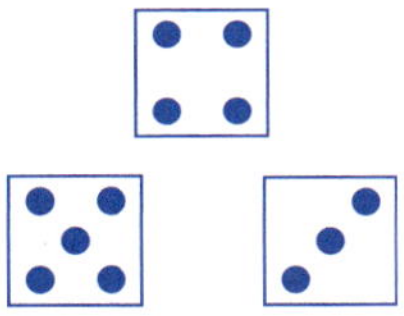

5 + 4 + 3
4 + 3 + 5
3 + 5 + 4
5 + 3 + 4

b) 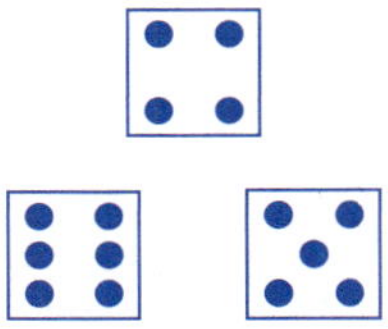

c) 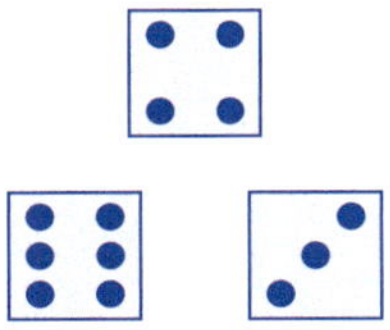

3 Setze das richtige Zeichen: < = > .

a) 7 + 6 ◯ 14
9 + 9 ◯ 18
13 − 8 ◯ 6
15 − 7 ◯ 8

b) 9 + 7 ◯ 20 − 4
4 + 8 ◯ 17 − 6
12 − 6 ◯ 14 − 7
16 − 9 ◯ 11 − 4

c) 6 + 8 ◯ 19 − 4
5 + 9 ◯ 7 + 4
8 + 6 ◯ 5 + 9
3 + 7 ◯ 20 − 8

4 Bilde Aufgabenfamilien.

a) 5 8 13

b) 7 9 16

c) ? 9 17

5 Wer hat das wenigste Geld?

Tom

Ben

Max

Tauschaufgaben und Umkehraufgaben

1 Schreibe zu jeder Aufgabe die Tauschaufgabe auf. Löse beide Aufgaben.

Rechne und schreibe so:
5 + 7 = 12
7 + 5 = 12

a)	b)	c)	d)
6 + 9	7 + 6	4 + 15	12 + 8
4 + 7	3 + 9	6 + 12	14 + 4
8 + 5	9 + 5	7 + 13	16 + 2
9 + 8	8 + 6	7 + 12	13 + 6

11	12	13	13
14	14	15	17
18	18	18	19
19	19	20	20

2 Rechne. Überprüfe mit der Umkehraufgabe.

Rechne und schreibe so:
16 − 3 = 13
13 + 3 = 16

a)	b)	c)	d)
15 − 7	20 − 8	7 + 8	6 + 3
13 − 4	16 − 7	14 + 3	4 + 4
15 − 8	15 − 9	13 + 7	7 + 5
14 − 6	12 − 6	11 + 9	9 + 6

6	6	7	8	8	8
9	9	9	12	12	
15	15	17	20	20	

3 Bilde Aufgabenfamilien.

Rechne und schreibe so:

8 6 14

8 + 6 = 14   14 − 6 = 8
6 + 8 = 14   14 − 8 = 6

a) 9 8 17   b) 8 14 6
c) 12 7 5   d) 7 15 8
e) ? 13 7   f) 8 12 ?

g) Erfinde eine Aufgabenfamilie.

1: Tauschaufgaben bilden; Aufgabe und Tauschaufgabe lösen
2: Addieren und Subtrahieren; mit der Umkehraufgabe überprüfen
3: Aufgabenfamilien finden und selbst eigene Aufgabenfamilie bilden

AH 6 | **TÜ** 5–6

1 a) 6 + 5, 6 + 6, 6 + 7, 6 + 8, 6 + 9
b) 14 + 6, 14 + 5, 14 + 4, 14 + 3, 14 + 2

2 a) 6 + ___ = 20, 7 + ___ = 20, 8 + ___ = 20, 9 + ___ = 20, 10 + ___ = 20
b) 7 + ___ = 15, 9 + ___ = 17, 6 + ___ = 13, 8 + ___ = 16, 5 + ___ = 14

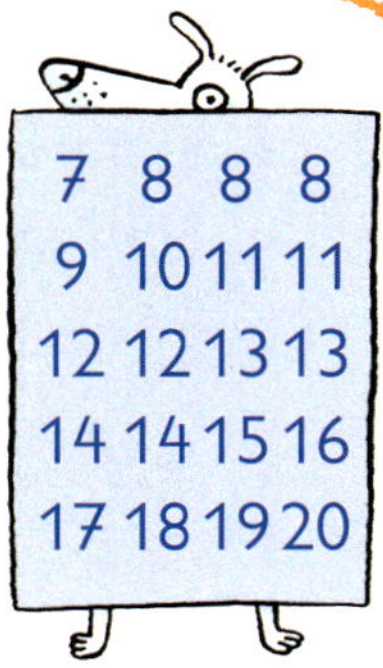

3 a) ___ + 9 = 15, ___ + 5 = 13, ___ + 7 = 16, ___ + 3 = 12, ___ + 9 = 18
b) 20 − ___ = 17, 13 − ___ = 9, 20 − ___ = 15, 18 − ___ = 10, 16 − ___ = 8

4 Wahr w oder falsch f ?
Überprüfe mit der Umkehraufgabe.
a) 12 + 7 = 19, 14 + 2 = 17, 9 + 9 = 16
b) 16 − 7 = 8, 20 − 8 = 12, 17 − 9 = 8

5 Setze das richtige Zeichen: < = > .
a) 9 + 5 ○ 5 + 9, 12 + 6 ○ 6 + 12, 15 + 3 ○ 3 + 15
b) 16 − 9 ○ 9 + 7, 13 − 5 ○ 5 + 9, 19 − 6 ○ 13 + 6
c) 8 + 7 ○ 15 − 7, 11 + 4 ○ 15 − 5, 9 + 8 ○ 20 − 3

6 Rechenmauern:
- Oben: ___; Mitte: 8, ___; Unten: 7, ___, 3
- Oben: 20; Mitte: 13, ___; Unten: 9, ___, ___
- Oben: 20; Mitte: ___, ___; Unten: ___, 4, ___

7 Tom geht mit seinem Onkel ins Museum. Für Erwachsene kostet der Eintritt 8 Euro. Für Kinder kostet der Eintritt nur die Hälfte. Wie viel muss der Onkel für die beiden Karten bezahlen?

8 Lisa geht mit ihrer Mutter in den Zirkus. Für Kinder kostet die Karte 6 Euro. Die Karte für Erwachsene kostet doppelt so viel. Wie viel Euro muss Lisas Mutter für die Karten bezahlen?

1: Addieren 2 und 3: Platzhalter belegen 4: Aussagen auf Wahrheitsgehalt prüfen; Ergebnisse begründen 5: Relationszeichen setzen 6: Rechenmauern lösen 7 und 8: Inhalt erfassen; Aufgabe finden und lösen; im Satz antworten

Addieren und Subtrahieren mit drei Zahlen

1 Erzähle Rechengeschichten.
Schreibe zu jedem Bild eine Aufgabe und löse sie.

a) 

b) 

2
3 + 8 + 4
9 + 6 + 3
4 + 4 + 4
11 + 3 + 2

3
6 + 5 + ___ = 17
7 + 6 + ___ = 20
9 + 3 + ___ = 15
5 + 5 + ___ = 15

4
20 = 13 + 5 + ___
16 = 6 + 6 + ___
18 = 9 + 3 + ___
14 = 2 + 7 + ___

5
20 − 4 − 5
15 − 7 − 3
12 − 4 − 5
19 − 3 − 6

6 Rechne vorteilhaft.

a) 8 + 5 + 2
6 + 9 + 4
5 + 4 + 5

b) 16 − 8 − 6
19 − 2 − 9
20 − 4 − 10

c) 12 − 5 + 8
15 + 3 − 5
17 − 9 + 3

d) 16 + 3 − 6
7 + 7 + 3
4 + 8 − 4

2	6	8
8	11	13
13	14	15
15	17	19

7 Bilde Additionsaufgaben und löse sie.

8 Setze das richtige Zeichen: < = >.

4 + 9 + 3 ○ 17
10 + 2 + 7 ○ 18
12 + 3 + 3 ○ 19

16 − 4 − 2 ○ 10
20 − 5 − 4 ○ 12
17 − 8 − 5 ○ 7

9 Wahr (w) oder falsch (f)?

13 > 6 + 3 + 6
15 = 4 + 6 + 5
14 < 3 + 7 + 4

10

Die Summanden sind 8, 5 und 7.
Berechne die Summe.

Der Minuend ist 16 und der Subtrahend ist 9.
Berechne die Differenz.

1: Zu den Rechengeschichten die passende Aufgabe finden und lösen
2 bis 6: Addieren und Subtrahieren 7: Alle möglichen Additionsaufgaben finden und lösen
8: Relationszeichen setzen 9: Aussagen prüfen 10: Aufgaben finden und lösen

AH 6 | TÜ 7

1 Lege mit Zehnerstreifen. Addiere immer 10.
Schreibe alle Aufgaben bis 100 auf.

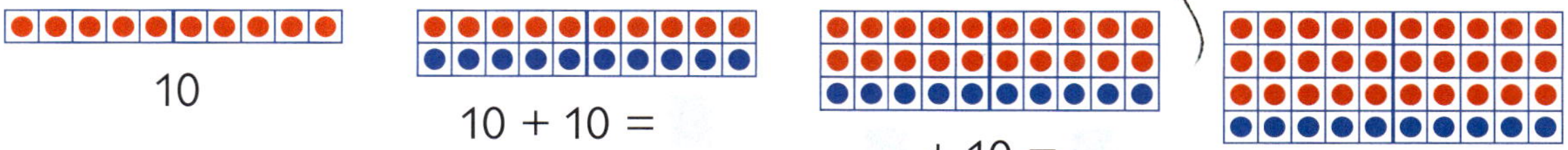

10

10 + 10 =

+ 10 =

+ 10 =

2 Zeige die Zahlen am Zahlenstrahl: 50, 30, 80, 70, 40, 100, 90, 60.

3 Schreibe alle Zehnerzahlen auf,
a) die zwischen den Zahlen 50 und 100 liegen.
b) die zwischen den Zahlen 0 und 40 liegen.
c) die zwischen 30 und 40 liegen.

4 Setze das richtige Zeichen: < oder > ?

a) 4 ◯ 7, 40 ◯ 70
b) 6 ◯ 5, 60 ◯ 50
c) 9 ◯ 10, 90 ◯ 100
d) 8 ◯ 4, 80 ◯ 40
e) 1 ◯ 3, 10 ◯ 30

5 Wahr w oder falsch f ?

a) 50 < 80, 70 > 30
b) 100 > 90, 60 = 16
c) 50 < 30, 40 > 60
d) 70 > 60, 20 < 40
e) 80 > 90, 5 < 50

6 Ordne die Zehnerzahlen.

a) Beginne mit der größten Zahl.

70, 20, 60, 40, 90
30, 80, 50, 10, 100

b) Beginne mit der kleinsten Zahl.

50, 30, 90, 60, 10
40, 20, 80, 70, 100

WIEDERHOLE

1. Vergleiche und setze das richtige Zeichen ein.
7 ◯ 9 4 ◯ 3 10 ◯ 8 7 ◯ 7 5 ◯ 3 6 ◯ 7
2. Ordne die Zahlen. Beginne mit der kleinsten Zahl.
9, 16, 5, 11, 7, 3, 19, 15, 8, 14

1: Zehnerzahlen erfassen 2 und 3: Zehnerzahlen finden
4 und 5: Zahlen vergleichen; Relationszeichen setzen
6: Zahlen nach Vorschrift ordnen

Addieren und Subtrahieren mit Zehnerzahlen

Erinnere dich:	Wenn 2 + 4 = 6, dann ist 20 + 40 = 60.	Wenn 8 − 5 = 3, dann ist 80 − 50 = 30.

1 Addiere.

a) 3 + 6, 30 + 60 b) 4 + 5, 40 + 50 c) 2 + 7, 20 + 70 d) 1 + 7, 10 + 70

2 Subtrahiere.

a) 7 − 3, 70 − 30 b) 5 − 1, 50 − 10 c) 8 − 4, 80 − 40 d) 6 − 4, 60 − 40

3

a) 70 + 30, 40 + 40, 20 + 50, 80 + 20, 50 + 40

b) 90 − 40, 70 − 50, 60 − 30, 50 − 20, 100 − 60

4 Schreibe zu jeder Aufgabe die Tauschaufgabe auf. Löse die Aufgaben.

a) 40 + 30, 20 + 60 b) 50 + 30, 60 + 40

5

a) 60 + ☐ = 80, ☐ + 30 = 90, 50 + ☐ = 100, ☐ + 40 = 70

b) 30 + ☐ = 100, ☐ + 90 = 100, ☐ + 70 = 100, 40 + ☐ = 100

c) 100 − ☐ = 50, 100 − ☐ = 30, 100 − ☐ = 10, 100 − ☐ = 60

6 Setze das richtige Zeichen: < = >.

a) 60 + 30 ◯ 80, 40 − 20 ◯ 10, 30 + 40 ◯ 70, 80 − 50 ◯ 40

b) 100 − 40 ◯ 60, 100 − 60 ◯ 30, 100 − 20 ◯ 70, 100 − 20 ◯ 80

c) 80 − 20 − 30 ◯ 40, 40 + 60 − 50 ◯ 50, 90 − 40 + 0 ◯ 60, 70 + 20 − 80 ◯ 30

7

a) Ein Fuchs wird etwa 20 Jahre alt. Wie alt werden zwei Füchse?

b) Ein Esel wird etwa doppelt so alt wie ein Fuchs. Wie alt wird ein Esel?

WIEDERHOLE

1. a) 2 + 6 b) 4 + 5 c) 6 + 3 d) 6 + 2 e) 5 + 4 f) 3 + 6
2. Kontrolliere mit der Umkehraufgabe.
   a) 8 + 7 b) 9 + 6 c) 6 + 8 d) 15 − 9 e) 17 − 9 f) 12 − 7

1 Bilde Aufgabenfamilien.

a)

50	?	?	?	?
30, 20	40, 20	50, 40	70, 20	60, 10

b)

100	90	30	60	40
70, 30	?, 10	20, ?	50, ?	10, ?

2 Lege mit Rechengeld und rechne.

a) 30 ct + 20 ct
60 ct + 10 ct
40 ct + 10 ct

b) 90 ct − 70 ct
70 ct − 50 ct
60 ct − 30 ct

c) 10 € + 50 €
40 € + 60 €
30 € + 40 €

d) 100 € − 50 €
80 € − 20 €
90 € − 30 €

3 Lisa kauft eine Brezel für 50 ct und ein Brötchen für 20 ct. Wie viel muss Lisa bezahlen?

4 Max kauft einen Pfannkuchen für 60 ct und zwei Brötchen für je 20 ct. Wie viel muss er bezahlen?

5 a) Welche Bücher könnte Ben für 35 Euro kaufen?
b) Anna hat 20 Euro. Könnte sie dafür den ABC-Trainer und das Englischbuch kaufen?
c) Ben möchte gern alle Bücher haben. Wie viel Geld müssten seine Eltern dafür bezahlen?
d) Welche Bücher würdest du kaufen? Wie viel Geld müsstest du bezahlen?

6 Tom geht mit seinen Eltern in den Zoo. Für den Eintritt bezahlen sie 50 Euro. Die Zooführung kostet nochmal 30 Euro. Toms Vater bezahlt mit einem 100-Euro-Schein. Wie viel Geld bekommt er zurück?

1: Aufgabenfamilien bilden 2: Addieren/Subtrahieren von Geldbeträgen
3 bis 6: Inhalt erfassen; Aufgaben finden und lösen; im Satz antworten

Alle Zahlen bis 100

1	2	3	4	5	6	7	8	9	10
11	12	13	14	15	16	17	18	19	20
21	22	23	24	25	26	27	28	29	30
31	32	33	34	35	36	37	38	39	40
41	42	43	44	45	46	47	48	49	50
51	52	53	54	55	56	57	58	59	60
61	62	63	64	65	66	67	68	69	70
71	72	73	74	75	76	77	78	79	80
81	82	83	84	85	86	87	88	89	90
91	92	93	94	95	96	97	98	99	100

1 Wie heißen die fehlenden Zahlen?

a)
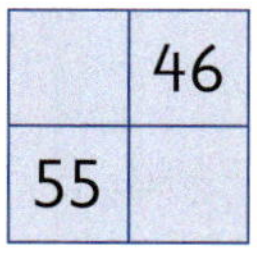

b)
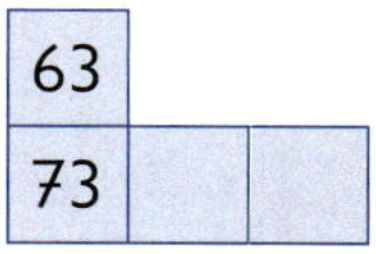

c)
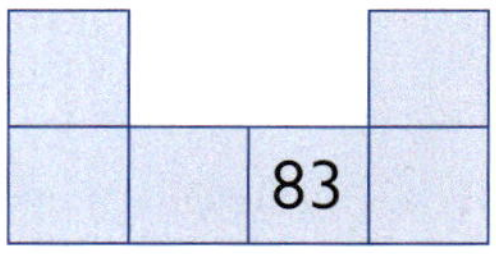

d)

e)
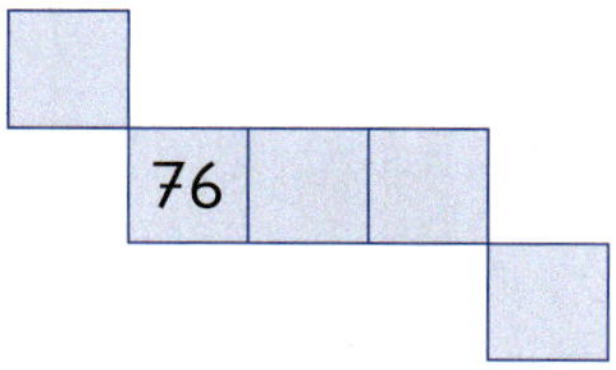

f)
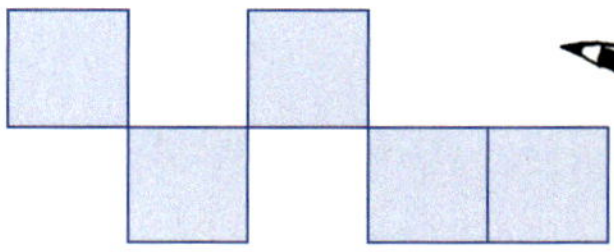

2 Schreibe auf.

a) alle Zahlen mit dem Einer 0
b) alle Zahlen mit dem Einer 1
c) alle Zahlen mit dem Einer 5
d) alle Zahlen zwischen 34 und 40
e) alle Zahlen, die über der 54 stehen
f) alle Zahlen, die unter der 63 stehen

3

Wie heißen die Vorgänger von
21, 40, 55, 86, 100?

Wie heißen die Nachfolger von
30, 49, 54, 87, 99?

4 Zeige mit dem Abdeckwinkel auf dem Hunderterfeld.

30, 35, 40, 45, 50, 55, 60

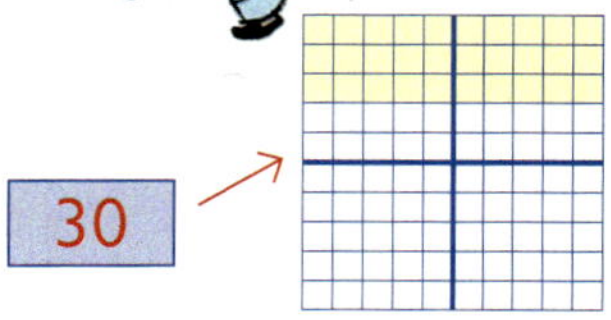

1: Fehlende Zahlen eintragen; Hundertertafel nutzen 2: Zahlen aufschreiben; Hundertertafel nutzen
3: Vorgänger und Nachfolger bestimmen 4: Zahlen mit Hilfe des Abdeckwinkels veranschaulichen

AH 9–10 | **TÜ** 11

1 Vergleiche: < = >.

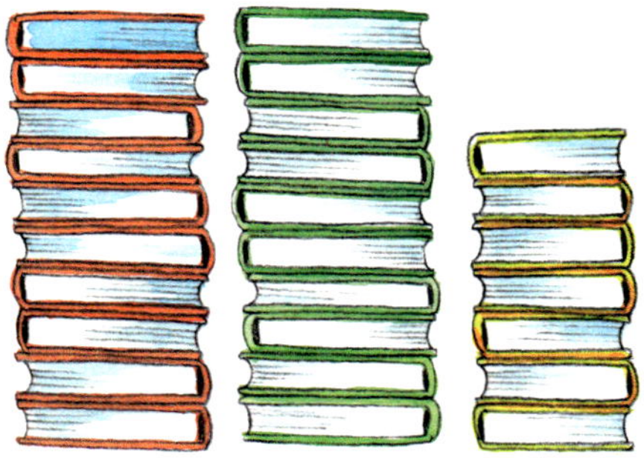

10 + 10 + 7 =

10 + 10 + 10 + 3 =

2 Zeige die Zahlen am Zahlenstrahl: 39, 55, 21, 44, 76, 88, 99.

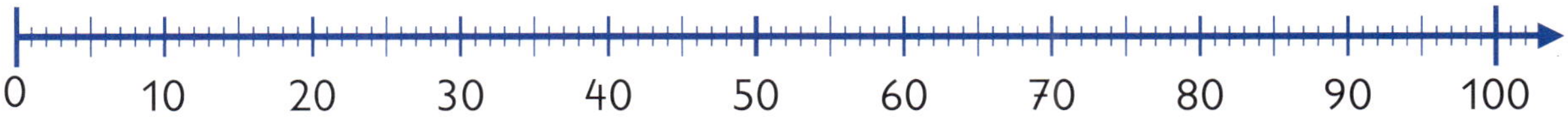

3 Setze das richtige Zeichen: < = >.

a)	33	76	b)	32	92	c)	14	41
	61	31		72	59		86	68
	73	83		100	99		17	71
	28	58		64	46		49	94

4 Ordne die Zahlen. Beginne mit der kleinsten Zahl.

44	31	29	
52	89	65	14
24	98	33	62

5 Nenne alle Zahlen zwischen

a) 19 und 24, b) 66 und 71, c) 83 und 100, d) 49 und 53.

6 Zahlen gesucht

Sachaufgaben – Schrittfolge zum Lösen

So kannst du Sachaufgaben lösen:

Lies die Aufgabe genau durch.
Achte auf
- ○ besondere Wörter,
- ○ Zahlen und Größen.

Unterstreiche sie.

→ Eine Torte hat 16 Stücke.
9 Stücke werden gegessen.
Wie viele Stücke bleiben übrig?

↓

Finde die Frage.
- ○ Wonach wird gefragt?

oder
- ○ Wonach kannst du fragen?

→ Wie viele Stücke bleiben übrig?

↓

Schreibe die Angaben für das Rechnen heraus.

→ 16 Stücke waren vorhanden
9 Stücke wurden gegessen.

↓

Schreibe eine Aufgabe auf.
Löse die Aufgabe.

→ $16 - 9 = 7$

↓

Antworte im Satz.
Überlege, ob die Antwort zur Frage passt.

→ Es bleiben 7 Stücke von der Torte übrig.

1 Tom hat 8 Jungen und 7 Mädchen zum Gartenfest eingeladen.
Wie viele Kinder hat er insgesamt eingeladen?

2 Ben und Lisa blasen 14 Luftballons auf.
Es platzen 6 Luftballons.
Wie viele Luftballons bleiben übrig?

3 Max hat einen Kasten mit 12 Flaschen Saft bereitgestellt.
Lisa bringt noch 8 Flaschen mit.
Wie viele Flaschen Saft können getrunken werden?

4 Der Garten ist mit 6 gelben Laternen, 7 grünen Laternen und 4 Mondlaternen geschmückt. Wie viele Laternen sind das zusammen?

So wollen wir mit Texten arbeiten: MERKE DIR

- Wir stellen Fragen zum Text.
- Wir finden zur Frage eine Aufgabe.
- Wir lösen die Aufgabe.
- Wir beantworten die Frage im ganzen Satz.

1 Toms Vater hat 18 Würstchen auf dem Grill. Die Kinder essen davon 9 Würstchen, die Eltern essen 2 Würstchen.

2 Aus einer Packung mit 20 Trinkhalmen nehmen sich 10 Kinder je einen Trinkhalm.

3 Lisa steckt 5 rote, 7 blaue und 3 gelbe Schirmchen auf die Eisbecher.

4 Max hat beim Würfeln nach 7 Würfen eine 6 gewürfelt. Tom muss doppelt so oft würfeln, bevor er eine 6 erzielt.

5 Beim Rasenkegeln erzielt Tom folgende Punkte: 6, 8 und 5. Maria erreicht die Punkte 7, 9 und 2.

6 Tom hat beim Pfeilwerfen 18 Punkte erreicht. Maria erzielt nur halb so viele Punkte wie Ben. Anna hat 4 Punkte mehr als Maria erreicht.

7 Maria hat 18 Glasperlen. Lisa hat 6 Glasperlen weniger als Maria.

Die besonderen Wörter helfen dir die Rechenart zu finden. MERKE DIR

8 Max hat für seine Eisenbahn 4 Personenwagen, 8 Tankwagen und 3 Containerwagen.

9 Tom hat 12 Märchenbücher. Anna hat 7 Märchenbücher mehr.

10 Erfinde eigene Rechengeschichten. Verwende die besonderen Wörter.

1 bis 3: Fragen zu den Texten stellen; verschiedene Möglichkeiten diskutieren; Aufgaben finden und lösen; im Satz antworten 4 bis 9: Aufgaben lösen; besondere Wörter in ihrer Bedeutung diskutieren 10: Rechengeschichten erfinden

Kann ich das schon?

1 a) 4 + 3
2 + 5
0 + 7
6 + 1
8 + 2

b) 6 + 8
7 + 5
11 + 6
12 + 7
9 + 8

c) 8 − 4
9 − 7
10 − 6
12 − 5
5 − 0

d) 14 − 10
13 − 9
20 − 7
15 − 6
12 − 8

2	4	4	4	4
4	5	7	7	7
7	7	9	10	12
13	14	17	17	19

2 a) 7 + 3 + 5 =
6 + 2 + 4 =
4 + 5 + 5 =
8 + 2 + 6 =
7 + 0 + 8 =

b) 12 − 2 − 7 =
15 − 8 − 5 =
20 − 6 − 10 =
14 − 6 − 3 =
19 − 7 − 4 =

c) 15 − 8 + 3 =
11 + 6 − 12 =
12 − 7 + 15 =
13 + 0 − 7 =
16 + 3 − 6 =

2	3	4
5	5	6
8	10	12
13	14	15
15	16	20

3 Bilde Aufgabenfamilien.

5
8 13

7
16 9

?
9 17

5
? 14

4 Welche Zahlen werden hier dargestellt? Schreibe sie auf.

a) 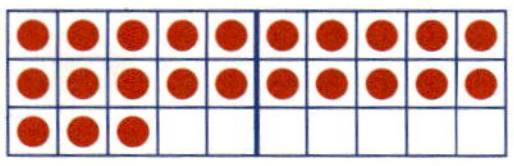

b) 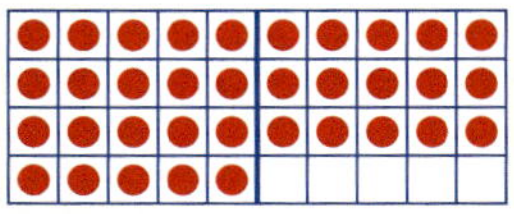

c) 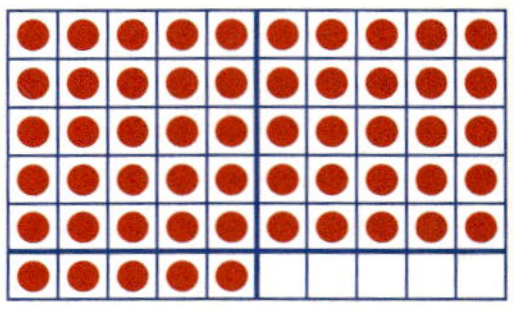

5

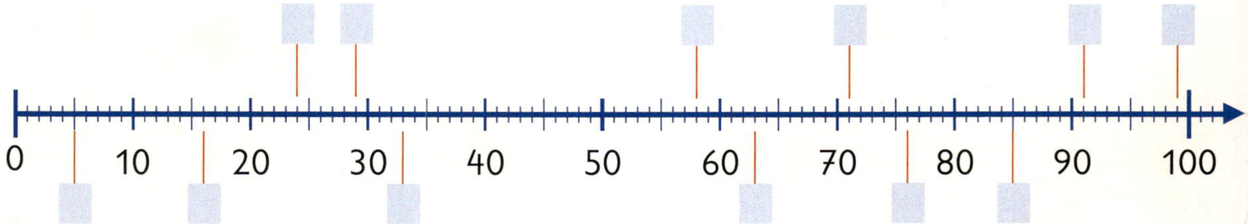

a) Schreibe die gesuchten Zahlen auf.
b) Schreibe die Vorgänger und Nachfolger der gesuchten Zahlen auf.

6 Welche Zahlen liegen zwischen

a) 98 und 100, b) 49 und 53, c) 80 und 83,
d) 19 und 23, e) 81 und 89, f) 69 und 75?

7 Setze das richtige Zeichen ein: < = > .

a)		b)		c)		d)	
17	19	51	18	70 + 20	90	90 − 30 − 40	80
62	60	90	25	80 − 50	40	20 + 60 − 50	20
25	24	37	61	60 + 40	80	70 − 10 + 0	60
91	95	16	42	90 − 20	60	50 + 50 − 80	30

8

a)

20	30	20

b)

	80	
10	20	

c)

	70	
	10	

d)

	60	
20		
10		

e)

	90	
	30	
		20

9 Welche Zahlen fehlen?

14		
24	25	26

36		
	47	
		58

	38	
47	48	

57		59
	68	

	89	
98		100

10 Ordne. Beginne mit dem kleinsten Geldbetrag.
46 €, 18 €, 50 €, 84 €, 25 €, 7 €, 74 €, 15 €

11 Maria hat 13 Sticker gesammelt. Tom hat ihr 6 dazugegeben.
Wie viele Sticker hat Maria nun?

12 Lisa hat 8 Euro. Ben hat 10 Euro mehr als sie.
Wie viel Euro müsste Ben Lisa geben, damit beide gleich viel Geld haben?

Geraden, die einander schneiden

1 Falte so.

Öffne das Blatt und zeichne die Faltlinien nach.

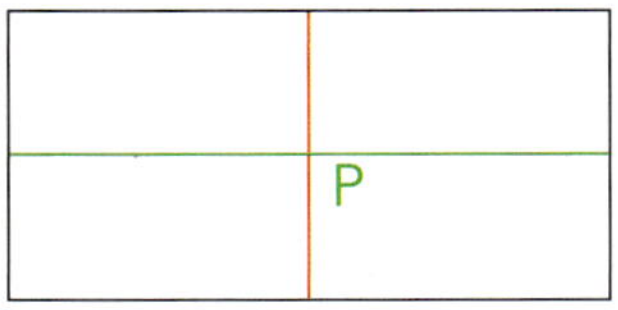

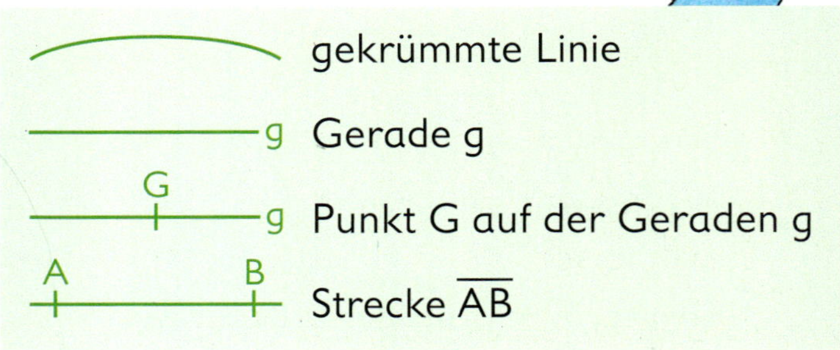

2

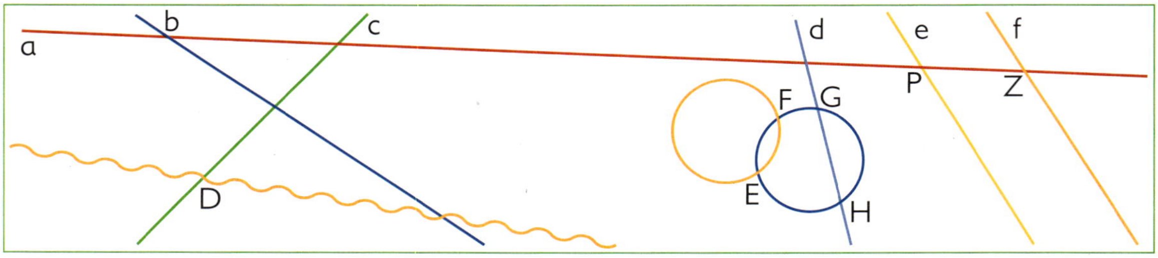

a) Welche Linien sind Geraden?
b) Auf welchen Geraden liegt der Punkt P?
c) Welche Geraden schneiden einander?
d) In welchen Punkten schneiden sich zwei Geraden?

3 a) Zeichne zwei Geraden, die einander schneiden.
b) Zeichne drei Geraden so, dass sie einen gemeinsamen Schnittpunkt haben.

4 Zeichne Geraden, die sich so schneiden, dass
a) ein Dreieck entsteht,
b) ein Viereck entsteht.

1: Falten nach Vorgabe; Faltlinien erkennen und nachzeichnen
2: Benannte Linien finden; Geraden den Schnittpunkten zuordnen
3: Geraden nach Vorgabe zeichnen 4: Dreieck und Viereck entstehen lassen

AH 11 | **TÜ** 14

Geraden, die zueinander parallel sind

1 Welche Geraden sind zueinander parallel? Prüfe mit dem Geodreieck.

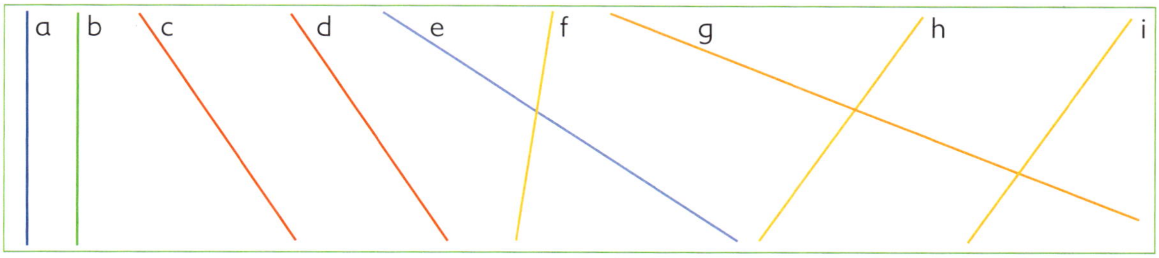

2 Zeichne mit dem Geodreieck Geraden, die zueinander parallel sind. Zeichne so:

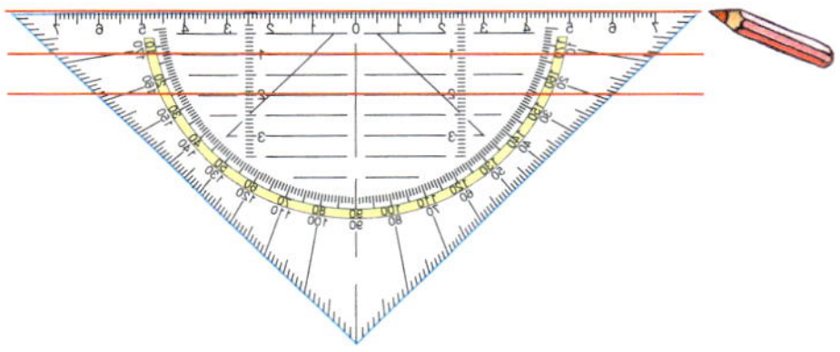

MERKE DIR

Zwei Geraden sind zueinander parallel, wenn sie einander nicht schneiden. Sie haben überall den gleichen Abstand zueinander.

3 Zeichne Geraden, die zueinander parallel sind. Der Abstand zwischen den Geraden beträgt:

a) 3 Kästchen b) 5 Kästchen c) 2 Kästchen d) 6 Kästchen

4 a) Zeichne die Geraden f und h mit einem Abstand von 4 Kästchen.
b) Zeichne zwei Geraden m und g mit einem doppelt so großen Abstand wie dem Abstand zwischen den Geraden f und h.

5 Lege 4 Stäbchen so, dass sie zueinander parallel liegen.

6 Falte ein Blatt so, dass die Faltlinien zueinander parallel sind.

7 Zeige an Gegenständen aus dem Klassenzimmer parallele Linien.

1 und 2: Parallele Geraden erkennen; mit dem Geodreieck zeichnen 3 und 4: Geraden nach Vorgabe zeichnen 5: Stäbchen zueinander parallel legen 6: Blatt falten, auch mehr als 2 Linien 7: Parallele Linien horizontal und vertikal zeigen

Geraden, die zueinander senkrecht sind

1 Stelle einen Faltwinkel her.

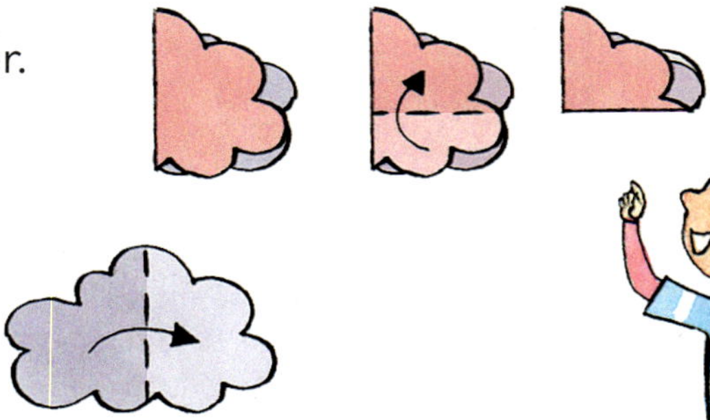

2 Zeige an Gegenständen im Klassenzimmer rechte Winkel.
Überprüfe mit deinem Faltwinkel.

3 Falte so.

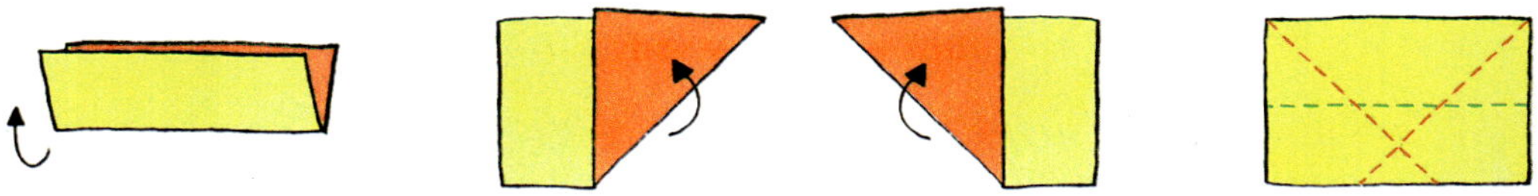

Zeichne die Faltlinien mit verschiedenen Farben ein. Zeige deinem Nachbarn

- ◯ Linien, die zueinander senkrecht sind,
- ◯ Linien, die nicht zueinander senkrecht sind.

So kannst du prüfen, ob es ein rechter Winkel ist:

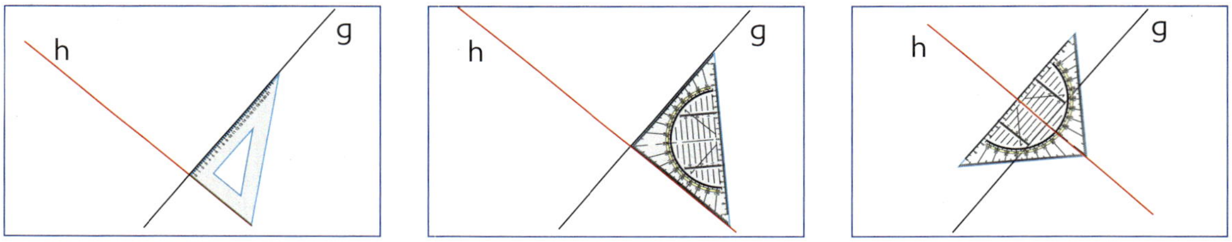

Die Gerade g und die Gerade h sind zueinander senkrecht.
Sie bilden 4 rechte Winkel. **MERKE DIR**

4 Zeichne Geraden, die zueinander senkrecht sind.

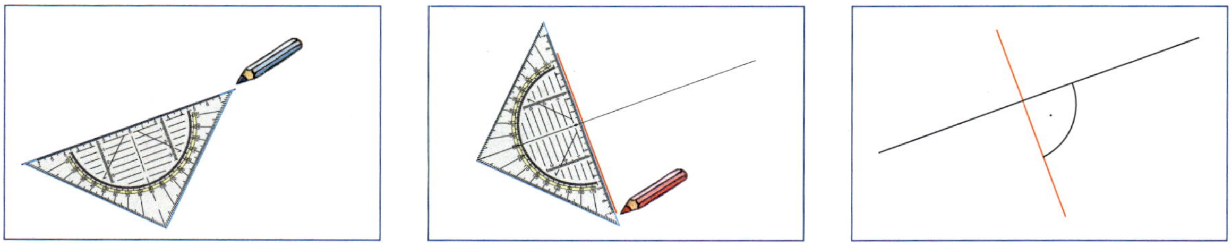

1 Wie viele Plättchen liegen vor jedem Kind?
Ordne die Aufgaben den Zehnerstreifen zu und löse sie.

20 + 4	30 + 8	40 + 5	30 + 4	40 + 8

2 Welche Zahlen haben die Kinder in Geheimschrift geschrieben?

3 Führe die Aufgabenreihen weiter.

a)	b)	c)	d)
10 + 2 = 12	70 + 5 = 75	50 + 9 = 59	30 + 4 = 34
20 + 2 = 22	60 + 5 =	50 + 8 =	40 + 5 =
+ 2 =	+ 5 =	50 + =	50 + 6 =
+ 2 =	+ 5 =	+ =	+ =
+ 2 =	+ 5 =	+ =	+ =

4 Schreibe die Zahlen als Summe aus Zehnern und Einern.

Schreibe so: 93 = 90 + 3 73, 55, 19, 36, 84, 33

5
20 + = 28
40 + = 44
90 + = 91
60 + = 67

6
+ 4 = 34
+ 6 = 66
+ = 16
+ = 49

7 Die Summe ist 46.
Ein Summand heißt 6.
Wie heißt der andere Summand?

1. 3Z + 4E = 5Z + 7E = 8Z + 1E = 7Z + 5E =
2. Zerlege in Zehner und Einer. **WIEDERHOLE**
44 = Z + E 69 = Z + E 97 = Z + E 22 = Z + E

Ergänzen zum nächsten Zehner

1 Der Bauer legt die Eier in eine Palette. Wie viele Eier passen noch in die Palette? Rechne.

2

a)	b)	c)	d)
3 + ☐ = 10	6 + ☐ = 10	25 + ☐ = 30	68 + ☐ = 70
13 + ☐ = 20	16 + ☐ = 20	34 + ☐ = 40	83 + ☐ = 90
23 + ☐ = 30	26 + ☐ = 30	66 + ☐ = 70	71 + ☐ = 80
33 + ☐ = ☐	36 + ☐ = ☐	52 + ☐ = 60	99 + ☐ = 100

3 a)

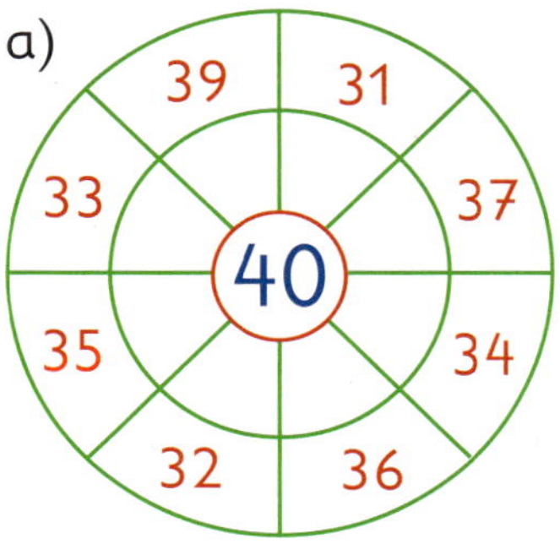

b)

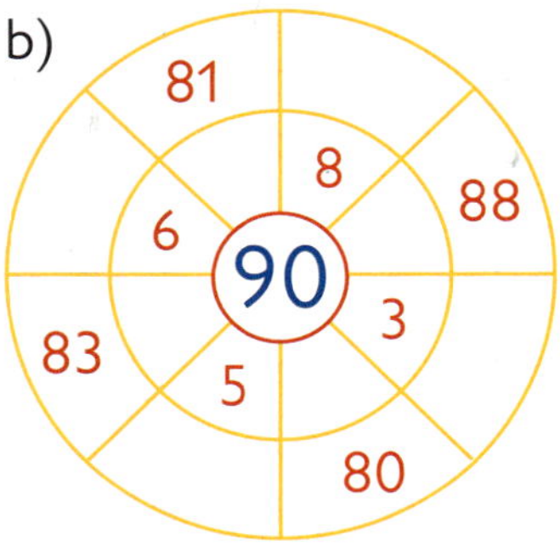

c)

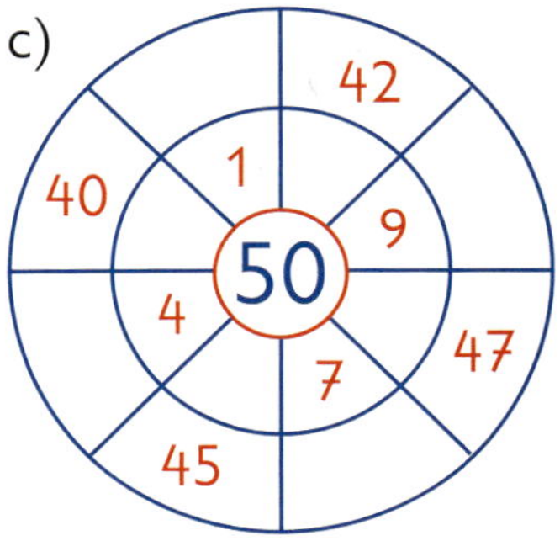

4 Ergänze zum nächsten Zehner.

a)	b)	c)
68 + ☐ = 70	54 + ☐ = 60	12 + ☐ = 20
83 + ☐ = ☐	41 + ☐ = 50	32 + ☐ = 40
71 + ☐ = ☐	39 + ☐ = ☐	52 + ☐ = ☐
99 + ☐ = ☐	24 + ☐ = ☐	62 + ☐ = ☐

5 Schreibe die passende Additionsaufgabe auf. Löse sie.

6 Max und Maria kleben eine Wimpelkette mit 100 Wimpeln. Sie haben schon 93 Wimpel geklebt. Wie viele Wimpel müssen sie noch kleben?

1 und 2: Summand/Summe bestimmen 3: Aufgaben finden und lösen
4: Zum nächsten Zehner ergänzen 5 und 6: Inhalt erfassen; Aufgaben finden, lösen und antworten

Subtrahieren einstelliger Zahlen von Zehnerzahlen

30 − 6 = ☐☐

1

a)	b)	c)
30 − 5	60 − 1	80 − ☐ = 75
30 − 4	60 − 2	50 − ☐ = 47
30 − 3	60 − 3	20 − ☐ = 16
30 − 2	60 − 4	70 − ☐ = 61
30 − 1	60 − 5	90 − ☐ = 88

2

☐ − 9 = 61
☐ − 5 = 45
☐ − 3 = 67
☐ − 6 = 54
☐ − 1 = 39

2	3	4
5	9	25
26	27	28
29	40	50
55	56	57
58	59	60
70	70	

3 Schreibe die Zahlen als Differenz aus Zehnern und Einern.

Schreibe so: 64 = 70 − 6   48, 34, 29, 66, 81, 57

4 50 $\xrightarrow{-5}$ ☐   90 $\xrightarrow{-7}$ ☐   40 $\xrightarrow{-☐}$ 32   80 $\xrightarrow{-☐}$ 74

5 Berechne die Differenz aus den Zahlen 70 und 6.

6 Tom hat 30 Euro gespart. Für 9 Euro kauft er sich eine Taucherbrille. Wie viel Euro hat er noch übrig?

7 Vier Aufgaben haben eine falsche Lösung.
Finde diese Aufgaben und berichtige.

a) 60 − 7 = 53   b) 50 − 5 = 44   c) 53 = 60 − 7   d) 77 = 80 − 4
e) 81 = 90 − 8   f) 44 = 50 − 4   g) 20 − 6 = 14   h) 100 − 5 = 95

1 und 2: Subtrahieren   3: Zahlen als Differenz aus Zehnerzahl und Einer darstellen
4: Rechenbefehl ausführen   5 und 6: Inhalt erfassen; Aufgabe finden und lösen
7: Fehler finden und begründen und berichtigen

Addieren einstelliger Zahlen zu zweistelligen Zahlen

32 + 5

Wenn 2 + 5 = 7,
dann ist 32 + 5 = 37.

MERKE DIR

Löse zuerst die bekannte Aufgabe 2 + 5.
Dann kannst du die Lösung übertragen.

1

55 + 4
5 + 4 = 9
55 + 4 = ___

62 + 6
2 + 6 = ___
62 + 6 = ___

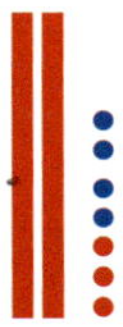

23 + 4
3 + 4 = ___
23 + 4 = ___

46 + 3
___ + ___ = ___
___ + ___ = ___

32 + 5
___ + ___ = ___
___ + ___ = ___

2

a) 4 + 4
14 + 4
24 + 4
34 + 4
44 + 4

b) 6 + 3
16 + 3
26 + 3
36 + 3
46 + 3

c) 2 + 5
22 + 5
32 + 5
42 + 5
52 + 5

d) 33 + 4
41 + 6
73 + 5
51 + 7
84 + 2

7	8	9	18
19	27	28	29
37	37	38	39
47	47	48	49
57	58	78	86

3

a) 22 + ___ = 29
81 + ___ = 89
43 + ___ = 45

b) 35 + ___ = 36
74 + ___ = 78
66 + ___ = 69

c) ___ + 3 = 36
___ + 7 = 78
___ + 5 = 69

d) 4 + ___ = 47
2 + ___ = 75
8 + ___ = 89

4

+	22	41	53	34	63
4					
5					

5

+	3	4	2	5	6
22					
23					

6 Im Schulchor singen 23 Kinder.
Aus der Klasse 4a sind noch 6 Kinder hinzugekommen.
Wie viele Kinder sind nun im Chor?

7 In der Arbeitsgemeinschaft „Töpfern" sind 12 Mädchen und 7 Jungen.
In der Arbeitsgemeinschaft „Malen und Basteln" sind 14 Jungen und 4 Mädchen. In welcher Arbeitsgemeinschaft sind mehr Kinder?

1 und 2: Addieren 3: Summanden bestimmen 4 und 5: Addieren in Tabellen
6 und 7: Inhalt erfassen; Aufgabe finden, lösen und im Satz antworten

Subtrahieren einstelliger Zahlen von zweistelliger Zahlen

$$\frac{47 - 4}{}$$

Wenn $7 - 4 = 3$,
dann ist $47 - 4 = 43$.

1

46 − 4	38 − 5	19 − 6	57 − 4	25 − 4
6 − 4 = 2	8 − 5 = ___	9 − 6 = ___	___ − ___ = ___	___ − ___ = ___
46 − 4 = ___	38 − 5 = ___	19 − 6 = ___	___ − ___ = ___	___ − ___ = ___

2

a)	b)	c)	d)
8 − 2	7 − 6	9 − 5	66 − 4
18 − 2	17 − 6	19 − 5	38 − 7
28 − 2	27 − 6	29 − 5	97 − 5
38 − 2	37 − 6	39 − 5	77 − 2
48 − 2	47 − 6	49 − 5	82 − 1

1	4	6	11	14
16	21	24	26	31
31	34	36	41	44
46	62	75	81	92

3

a)	b)	c)	d)
56 − ___ = 52	28 − ___ = 21	___ − 8 = 51	71 = ___ − 7
79 − ___ = 77	57 − ___ = 55	___ − 3 = 66	45 = ___ − 4
44 − ___ = 41	33 − ___ = 32	___ − 6 = 22	63 = ___ − 5

4

−	2	3	4	5	6
27					
59					

5

−	7	6	5	4	3	2
39						
68						

6 Tom sammelt Bilder von Sportlern. Er hat 48 Bilder. Davon hat er 6 Bilder doppelt. Diese schenkt er Max. Wie viele Bilder hat er noch?

WIEDERHOLE

9 − 7	6 − 4	7 − 4	8 − ___ = 4	5 = ___ − 2
6 − 3	8 − 5	5 − 3	6 − ___ = 5	7 = ___ − 1
5 − 5	7 − 6	8 − 7	4 − ___ = 2	6 = ___ − 3

Addieren und Subtrahieren

Rechne und kontrolliere mit der Umkehraufgabe.

1 **Rechne und schreibe so:**
32 + 7 = 39
39 − 7 = 32

a)	b)	c)	d)
41 + 6	22 + 5	82 + 6	24 + 4
84 + 3	63 + 6	51 + 7	55 + 2
32 + 4	94 + 5	73 + 4	88 + 1
51 + 4	42 + 2	63 + 7	75 + 4

2 **Rechne und schreibe so:**
49 − 6 = 43
43 + 6 = 49

a)	b)	c)	d)
88 − 6	24 − 3	99 − 8	76 − 1
59 − 4	69 − 3	28 − 7	33 − 2
67 − 5	48 − 7	39 − 6	45 − 4
96 − 4	85 − 3	66 − 5	57 − 3

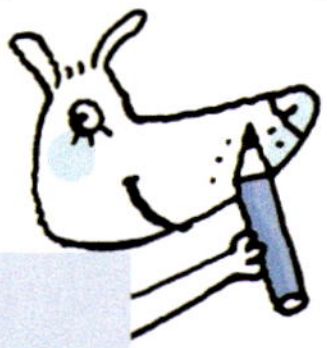

3 Bilde Aufgabenfamilien.

9 4 13

Rechne und schreibe so:
9 + 4 = 13   13 − 4 = 9
4 + 9 = 13   13 − 9 = 4

a) 6 8 14   b) 5 12 7
c) 7 4 11   d) 15 6 9
e) 8 5 13   f) 12 8 4

4

+	2	5		4
34			37	
52				
				99

−	6	3	7	
67				62
49				
			22	

5

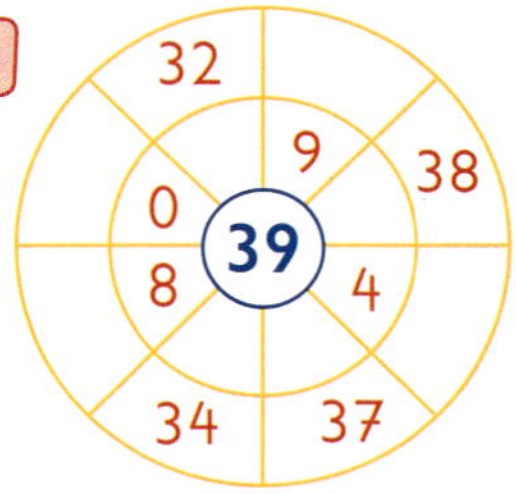

6 a) Rechenmauer: unten 14, 2, 2

b) Rechenmauer: Mitte 87, 3; unten –, 3, –

c) Rechenmauer: Mitte 30, –; unten 22, –, 1

7 Lisa sammelt bunte Murmeln.
Sie hat 93 Murmeln.
Anna schenkt ihr noch 6 Murmeln.
Wie viele Murmeln hat Lisa jetzt?

8 Von 48 Kindern aus den 2. Klassen
können 7 Kinder schon schwimmen.
Wie viele Nichtschwimmer gibt es
in den 2. Klassen?

1 und 2: Addieren und Subtrahieren mit Kontrolle   3: Aufgabenfamilien bilden
4: Addieren und Subtrahieren   5: Additionsaufgaben bilden und lösen   6: Rechenmauern lösen
7 und 8: Inhalt erfassen; Aufgaben finden und lösen

Sachaufgaben – Fragen stellen und beantworten

- ○ Frage stellen
- ○ die passende Aufgabe finden und lösen
- ○ im ganzen Satz antworten

1 Im Gehege für Kleintiere sind 8 Meerschweinchen, 12 Hamster und 7 Zwergkaninchen.

2 Im Streichelzoo waren insgesamt 39 Tiere. Davon wurden 6 Tiere an den Tierpark abgegeben.

3 Maria hat beim Sportfest den Ball 30 Meter weit geworfen. Anna hat noch 7 Meter weiter geworfen.

4 Für den Besuch des Puppentheaters haben sich 68 Kinder angemeldet. Davon haben 6 Kinder noch keine Eintrittskarte bekommen.

5 In der Klasse 2a gibt es 11 Schwimmer. Die Klasse 2b hat 3 Schwimmer und in der Klasse 2c gibt es doppelt so viele Schwimmer wie in der Klasse 2b.

6 Eine Tageskarte für das Schwimmbad kostet für Erwachsene 16 Euro. Kinder zahlen nur die Hälfte.

7

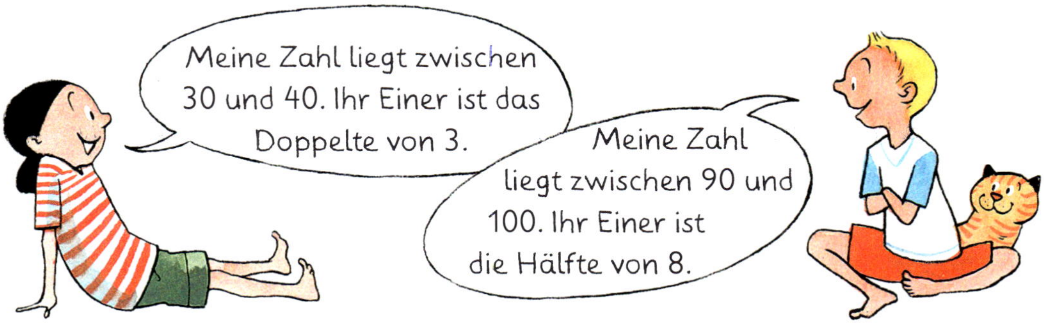

1 bis 6: Fragen stellen und diskutieren; Aufgaben finden und lösen; im ganzen Satz antworten
7: Gesuchte Zahl finden

Addieren mit Zehnerübergang

Anna rechnet und schreibt so:

- ○ 2. Summanden zerlegen
- ○ zum Zehner ergänzen
- ○ Rest addieren

27 + 5

27 + 3 = 30

30 + 2 = 32

27 + 5 = 32

Annas Rechenweg:

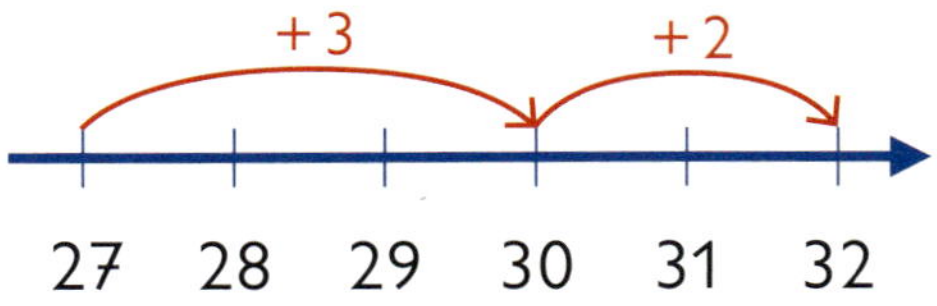

1 Rechne und schreibe auf wie Anna.

	a)	b)	c)
46 + 9	35 + 8	63 + 9	28 + 4
46 + 4 = 50	66 + 5	47 + 6	37 + 7
50 + ▢ = ▢	52 + 9	25 + 7	88 + 8
46 + 9 = ▢	49 + 9	36 + 6	74 + 7

32	32	42	43
44	53	58	61
71	72	81	96

Ben rechnet und schreibt so:

- ○ erst die bekannte Aufgabe lösen
- ○ das Ergebnis übertragen

27 + 5

Wenn 7 + 5 = 12,

dann ist **27 + 5 = 32.**

Bens Rechenweg:

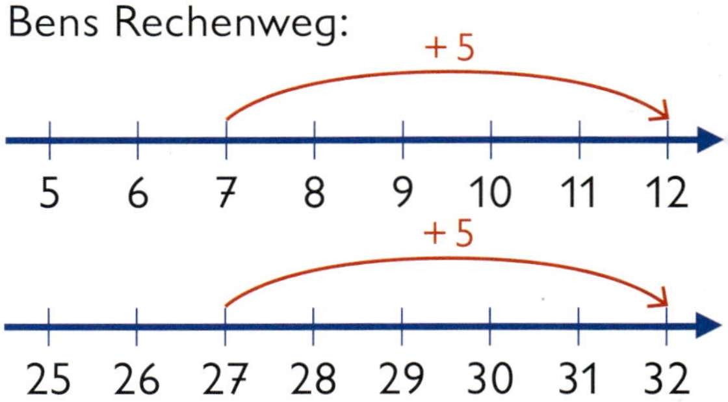

2 Rechne wie Ben.

a)	b)	c)	d)	e)	f)
48 + 6	63 + 9	64 + 8	69 + 5	28 + 6	43 + 9
38 + 6	73 + 9	58 + 4	84 + 8	83 + 9	55 + 6

WIEDERHOLE

8 + 5	2 + 9	7 + 7	6 + 6	6 + 9
8 + 8	3 + 8	9 + 7	5 + 9	8 + 3

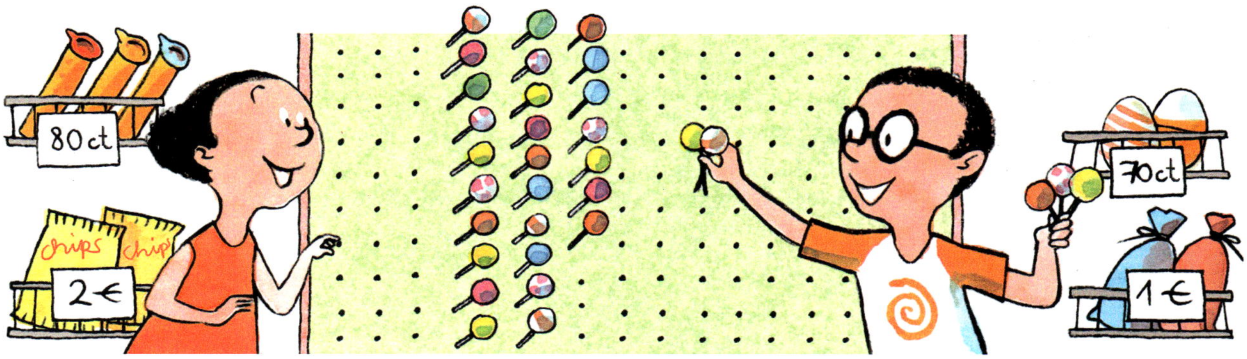

Maria rechnet und schreibt so:

- ○ 2. Zahl zerlegen
- ○ zum Zehner subtrahieren
- ○ Rest subtrahieren

32 − 5

32 − 2 = 30

30 − 3 = 27

32 − 5 = 27

Marias Rechenweg:

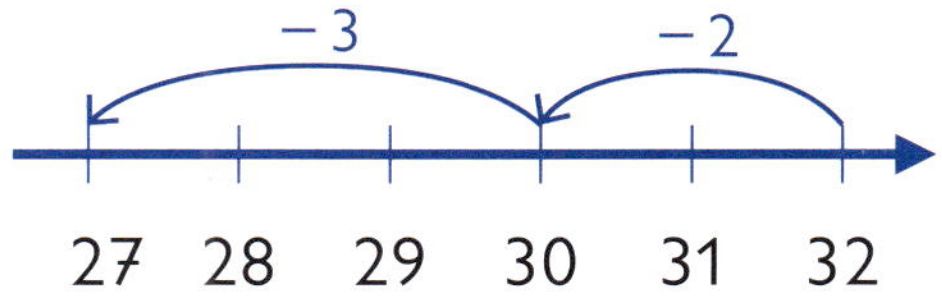

1 Rechne und schreibe wie Maria.

73 − 6

73 − 3 = 70

70 − ___ = ___

73 − 6 = ___

	a)	b)	c)
	81 − 3	95 − 8	25 − 9
	64 − 5	52 − 6	44 − 8
	23 − 4	83 − 8	96 − 9
	54 − 7	45 − 9	72 − 7

16	19	36	36
46	47	59	65
75	78	87	87

Tom rechnet und schreibt so:

- ○ erst die bekannte Aufgabe lösen
- ○ das Ergebnis übertragen

32 − 5

Wenn 12 − 5 = 7,

dann ist **32 − 5 = 27.**

Toms Rechenweg:

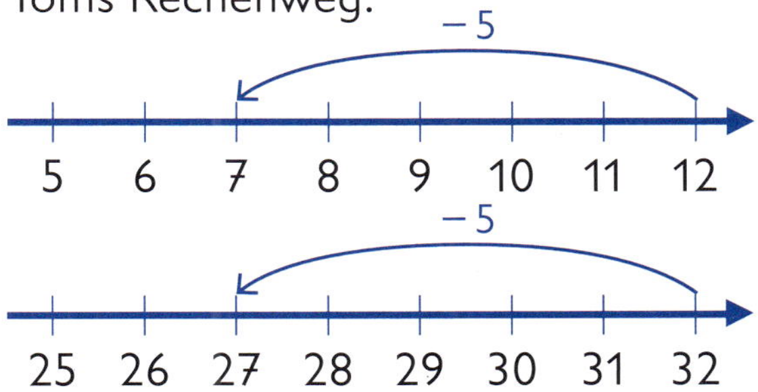

2 Rechne und schreibe wie Tom.

22 − 7

12 − 7 = 5

22 − 7 = ___

	a)	b)	c)
	35 − 8	91 − 7	43 − 6
	43 − 5	73 − 4	91 − 9
	24 − 8	44 − 6	52 − 7
	62 − 9	85 − 7	35 − 6

16	27	29	37
38	38	45	53
69	78	82	84

Addieren und Subtrahieren

1 Vier Aufgaben gehören zu jedem Zahlenstrahl.
Schreibe sie auf und löse sie.

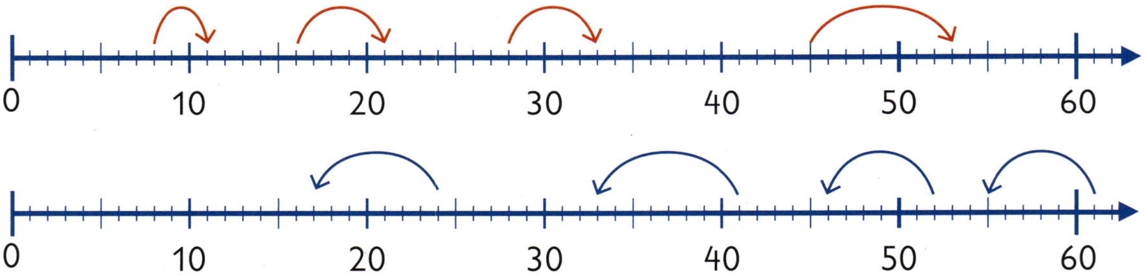

2

+ 4	
5	
19	
29	
39	

− 6	
12	
22	
32	
42	

3

+ 5	
	24
	54
	84
	44

− ☐	
34	41
	47
87	
	37

4

a) 35 + 8
93 − 6
77 − 8
52 + 9

b) 94 − 7
55 − 9
37 − 8
63 − 5

c) 46 + ☐ = 54
17 + ☐ = 24
62 − ☐ = 55
41 − ☐ = 36

5

38 = 29 + ☐
54 = 47 + ☐
63 = 72 − ☐
88 = 93 − ☐

5	5	7	7
7	8	9	9
29	43	46	58
61	69	87	87

6

Rechenmauer 1:
54
45 | ☐
☐ | 8 | ☐

Rechenmauer 2:
☐
93 | ☐
88 | ☐ | 1

Rechenmauer 3:
38
22 | ☐
☐ | 7 | ☐
☐ | 3 | ☐ | ☐

7

+	4	7	5	3	9
47					
88					

8

−	6	9	4	8	5
63					
94					

9 Tom ist 8 Jahre alt.
Sein Vater ist 26 Jahre älter.
Wie alt ist Toms Vater?

10 Marias Mutter ist 36 Jahre alt.
Maria ist 9 Jahre alt. Wie viele
Jahre ist die Mutter älter?

1: Dem Zahlenstrahl Aufgaben zuordnen und lösen 2 bis 5: Platzhalter belegen
6: Rechenmauern lösen 7 und 8: Addieren/Subtrahieren in Tabellen
9 und 10: Inhalt erfassen; Aufgabe finden und lösen; im Satz antworten

1 Zu jedem Zahlenstrahl gehören zwei Aufgaben. Schreibe sie auf und löse sie.

a)
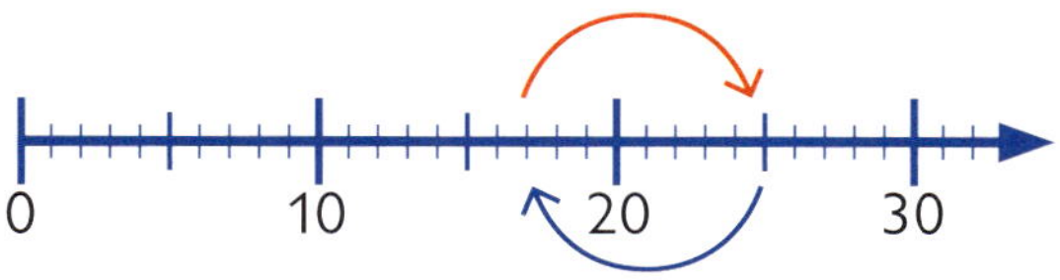

c)
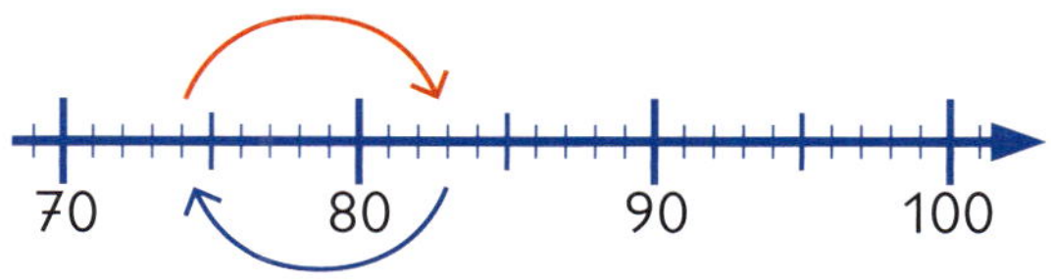

b)
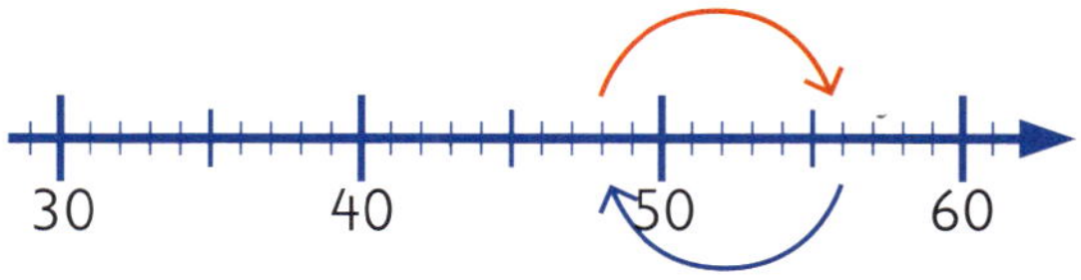

d)
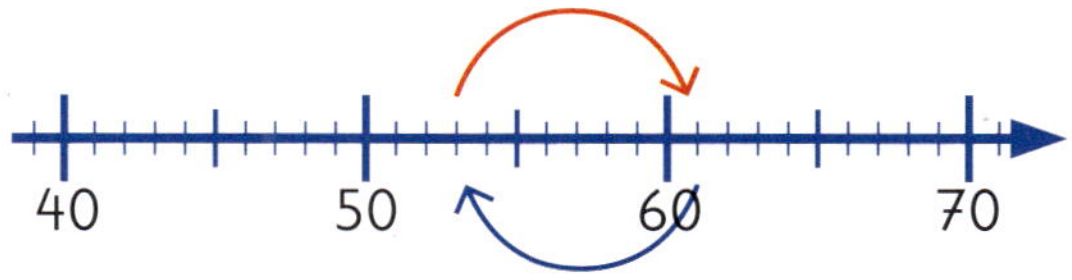

2

a) + 5
67 ⇄ ☐
− ☐

b) + 8
43 ⇄ ☐
− ☐

c) + ☐
☐ ⇄ 84
− 6

d) + ☐
☐ ⇄ 52
− 9

3 Löse die Aufgaben und rechne die Umkehraufgabe.

Rechne und schreibe so:
48 + 6 = 54
54 − 6 = 48

a) 25 + 7
83 + 9
44 + 8
57 + 4

Rechne und schreibe so:
93 − 7 = 86
86 + 7 = 93

b) 36 − 9
74 − 7
63 − 5
41 − 6

4

a) ☐ + 28 = 35
☐ + 88 = 94
☐ + 47 = 55
☐ + 66 = 74

b) ☐ + 5 = 43
☐ + 4 = 22
☐ + 7 = 62
☐ + 9 = 33

c) ☐ − 3 = 59
☐ − 8 = 65
☐ − 2 = 79
☐ − 4 = 87

5 Setze das richtige Zeichen: < = > .

a) 27 + 9 ◯ 35
37 − 5 ◯ 44
58 + 4 ◯ 62
46 − 9 ◯ 46

b) 44 − 7 ◯ 38
61 − 9 ◯ 52
77 − 8 ◯ 66
38 − 9 ◯ 29

c) 55 ◯ 43 + 8
83 ◯ 79 + 6
46 ◯ 38 + 8
74 ◯ 67 + 7

d) 63 ◯ 71 − 9
85 ◯ 92 − 7
55 ◯ 65 − 9
78 ◯ 82 − 5

6 Bilde Aufgabenfamilien.

a) 9 8 17

b) 6 15 9

c) 13 6 7

Sachaufgaben – Besondere Wörter

1 Im Baumarkt kauft Herr Lange für 42 m Leisten. Sein Nachbar Herr Heinze benötigt 8 m weniger. Wie viele Meter kauft Herr Heinze?

2 Maria hat eine Wimpelkette von 10 m Länge geklebt.

a) Ben und Anna kleben ihre Wimpelketten zusammen. Nun haben sie eine doppelt so lange Kette wie Maria. Wie viele Meter lang ist ihre Kette?

b) Die Kette von Max, Lisa und Tom ist dreimal so lang wie die Kette von Maria. Wie viele Meter lang ist diese Kette?

c) Wie lang sind alle drei Ketten zusammen?

3 Toms Vater gibt Tom einen 40 cm langen Holzstab und sagt: „Zersäge den Stab so, dass du aus den Teilen ein Quadrat legen kannst."
Tom überlegt und beginnt zu sägen.

a) Wie viele kleine Holzstücke wird er sägen?

b) Wie lang werden seine Holzstücke sein?

c) Wie oft muss er sägen?

4 Erzähle Rechengeschichten.
Verwende dabei die besonderen Wörter.

1 bis 3: Inhalt erfassen; besondere Wörter finden und deuten; Aufgabe bilden und lösen; im ganzen Satz antworten 4: Eigene Rechengeschichten erfinden und lösen

TÜ 25

1

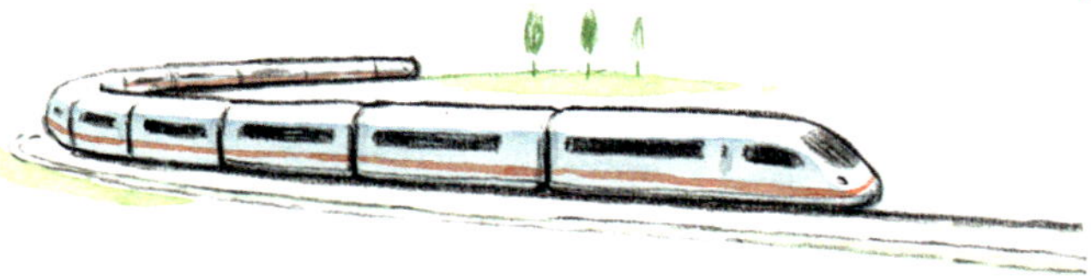

Ein ICE-Wagen hat 66 Plätze.
Davon sind 9 Plätze frei.

a) Wie viele Plätze sind besetzt?
b) Auf wie vielen Plätzen sitzen Kinder?

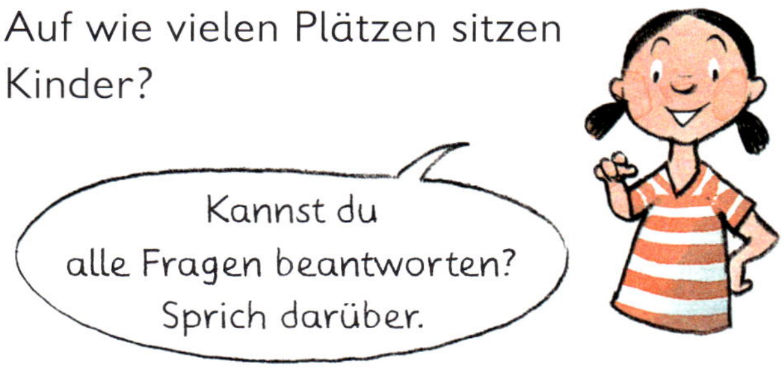

2

Im Schulbus sitzen 32 Kinder. An der 1. Haltestelle steigen 7 Kinder aus. An der 2. Haltestelle steigen 9 Kinder aus. Die 3. Haltestelle ist die Endhaltestelle. Wie viele Kinder steigen dort aus?

3 Der Bus hat bei der ersten Fahrt 34 Kinder zum Sportfest gebracht. Bei der zweiten Fahrt waren es 8 Kinder weniger.

a) Wie viele Lehrerinnen sind bei der ersten Fahrt mitgefahren?
b) Wie viele Kinder sind bei der zweiten Fahrt mitgefahren?

4 Im Reisebus nach Dresden wurden 46 Koffer und 9 Taschen eingeladen. Der Reisebus nach Erfurt nahm 54 Gepäckstücke mit.

a) Welcher Bus hat mehr Gepäckstücke geladen?
b) In welchem Bus sind mehr Reisende mitgefahren?

5 Am Fahrkartenautomaten haben heute 78 Reisende eine Fahrkarte gekauft. Das waren 9 Fahrkarten mehr als gestern.

a) Wie viele Reisende haben gestern eine Fahrkarte gekauft?
b) Haben mehr Frauen oder mehr Männer eine Fahrkarte gekauft?

6 Maria fährt mit ihren Eltern und ihrem Bruder mit dem Bus nach Weimar. Für einen Erwachsenen kostet die Fahrkarte 20 Euro. Die Kinderkarte kostet die Hälfte.

a) Wie viel kosten die Fahrkarten für die beiden Kinder?
b) Wie viel muss der Vati für die Fahrkarten insgesamt bezahlen?

1 bis 7: Inhalt erfassen; besondere Wörter finden und deuten; Aufgaben finden und lösen; im ganzen Satz antworten; erkennen und begründen: es kann nicht zu allen Fragen eine Antwort gebildet werden

Rechnen mit Geld

Erinnere dich:
1 € = 100 ct

1 Ordne die Münzen und Scheine der Größe nach.
Beginne mit dem kleinsten Geldwert.

2 a) Welches der Kinder hat das meiste Geld gespart? Schätze zuerst.

Anna Lisa Max Ben

b) Wahr (w) oder falsch (f)? Max hat mehr Geld gespart als Lisa.
Anna hat weniger Geld gespart als Ben.
Lisa und Anna haben gleich viel Geld gespart.

3 Lege mit möglichst wenigen Scheinen und Münzen.
Kontrolliere mit deinem Nachbarn.

12 ct, 20 €, 77 €, 25 ct, 68 ct, 85 €, 100 ct, 99 €, 12 € 20 ct, 25 € 70 ct

4 Lege und rechne.

a) 24 € + 5 €
18 € + 8 €
62 € + 8 €

b) 38 € − 8 €
53 € − 4 €
75 € − 7 €

c) 42 € + ▢ € = 50 €
13 € + ▢ € = 21 €
25 € − ▢ € = 18 €

7 € 8 € 8 €
26 € 29 € 30 €
49 € 68 € 70 €

5 Wie viel Geld könnte es sein? Lege und male verschiedene Möglichkeiten.

a) 5 verschiedene Münzen
b) 4 gleiche Münzen
c) 3 verschiedene Scheine
d) 3 gleiche Scheine

6 Anna hat 7 Euro weniger als Lisa. Zusammen haben sie 19 Euro.
Wie viel Geld hat Anna, wie viel Lisa?

1: Geldwerte der Größe nach ordnen 2: Geldbeträge schätzen und zählen 3 und 5: Geldbeträge legen 4: Geldbeträge legen, addieren und subtrahieren 6: Lösungsstrategien entwickeln

AH 21 | TÜ 26

1 Lisa kauft sich ein Computerspiel und eine CD.
a) Wie viel Geld muss Lisa bezahlen?
b) Lisa bezahlt mit zwei 20-Euro-Scheinen. Wie viel Geld bekommt sie zurück?
c) Welche Münzen und Scheine könnten es sein?

2 Ben möchte sich zwei Computerspiele kaufen.
Er hat schon 42 Euro gespart. Wie viel Geld fehlt ihm noch?

3 Max hat zum Geburtstag 50 Euro geschenkt bekommen.
a) Was könnte er sich dafür kaufen? Schreibe zwei Möglichkeiten auf.
b) Wie viel Geld würde Max jeweils zurückbekommen?

4 Überprüfe, ob die richtigen Geldbeträge zurückgegeben wurden.

Ich habe gekauft:				
Ich bezahle mit:				
Ich erhalte zurück:	5 €	0 €	6 €	9 €

5 Anna kauft sich von ihrem ersparten Geld ein Computerspiel, eine DVD und ein Hörspiel. An der Kasse bekommt sie 12 Euro zurück. Wie viel Geld hat sie gegeben?

6 Was könntest du dir für 100 Euro kaufen? Schreibe verschiedene Möglichkeiten auf.

1, 2 und 5: Aufgaben bilden und lösen
3 und 6: Aufgaben bilden und lösen, verschiedene Möglichkeiten angeben
4: Rechnungen anhand vorgegebener Angaben überprüfen

Kilogramm – Gramm

1 Vergleiche.

Du sprichst: ... ist schwerer als...
... ist leichter als...
... ist gleich schwer wie...

2 a) Baue zusammen mit deinem Nachbarn eine solche Waage.

b) Vergleiche durch Wiegen:

- 5 Steckwürfel mit 5 Faserstiften
- 10 Büroklammern mit 1 Radiergummi
- 1 Füller mit 4 Farbstiften
- 1 Anspitzer mit 1 Radiergummi
- 1 20-Cent-Münze mit 4 10-Cent-Münzen
- 2 Bleistife mit 2 Farbstiften
- 3 Stück Kreide mit 3 Steckwürfeln

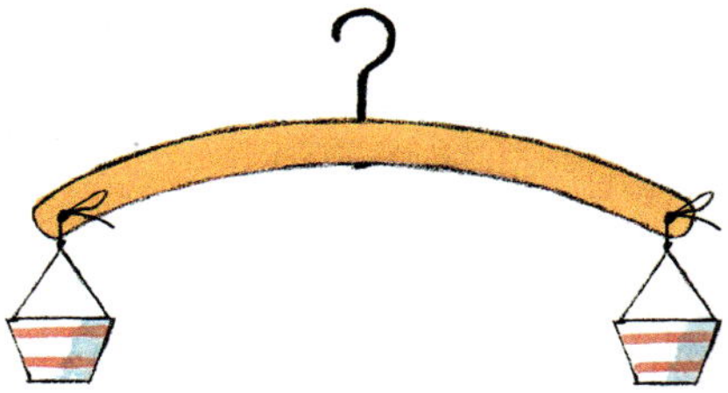

3 Jede Waage hat einen anderen Namen. Frage deine Eltern oder andere Erwachsene nach den Namen.
Wo werden diese Waagen verwendet?

a)

b)

c)
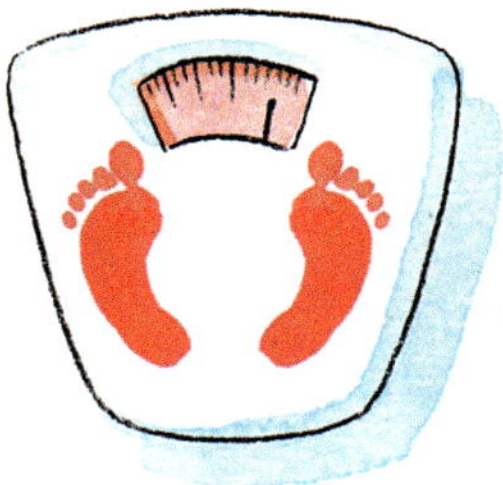

d)
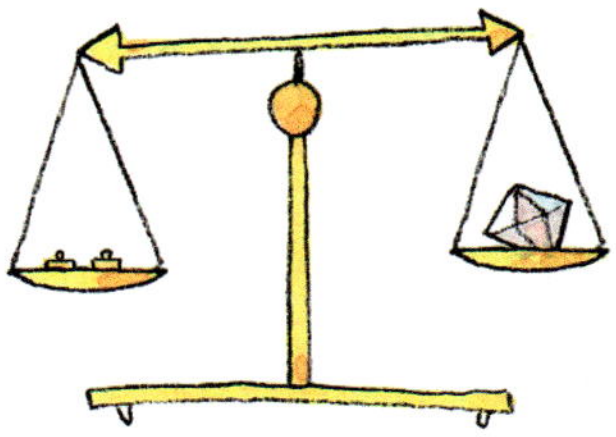

e)

1: Beim Vergleichen die richtigen Begriffe verwenden
2: Waage bauen und nach Vorgabe wiegen; Ergebnis deuten
3: Namen und Verwendung der Waagen erkunden

MERKE DIR

Die Masse (das Gewicht) wird in Kilogramm oder Gramm gemessen. Das Messgerät ist die Waage.

Du sprichst:	Ein Kilogramm	1 Gramm	
Du schreibst:	1 kg	1 g	1 kg = 1000 g

1 Erkunde, was folgende Dinge wiegen. Schreibe auf:

1 Tüte Zucker	kg oder g	1 Tafel Schokolade	kg oder g
1 Brot	kg oder g	1 Banane	kg oder g
1 Netz Orangen	kg oder g	1 Ei	kg oder g
1 Netz Kartoffeln	kg oder g	1 Würstchen	kg oder g

2 Kilogramm oder Gramm? Schreibe so in dein Heft: a) 1 g

a)  1

b)  5

c)  20

d)  50

e)  5

f)  4

3 Wie viel wiegt der Korb mit den Äpfeln?

1: Masse (Gewicht) in kg oder g angeben
2: Richtige Einheiten zuordnen
3: Gewicht in kg angeben

1 „Hamstern“

Ihr benötigt: 1 Hundertertafel, 20 Spielplättchen
20 Sprungkarten: + 1 bis + 10 und − 1 bis − 10
2 Spielfiguren für jeden Spieler: 

So geht es: Verteilt die Spielplättchen und Spielfiguren auf der Hundertertafel.
Zum Beispiel so:

1	2	3	4	5	6	7	8	9	10
11	12	13	14	●	16	17	18	●	20
21	●		24	●	●	27	●	29	30
31	32	●	34	35	36	37	●	●	40
●	42	43	44	45	46	47	●	49	50
51	52	●	54	55	56	57	58	59	60
61	●	●	●	65	●	67	68	●	70
71	72	●	74	75	76	77	78	79	80
81	●	83	84	85	86	87	88	89	90
91	92	●	94	95	96	97		99	100

Zieht anwechselnd eine Sprungkarte und bewegt eine eurer Figuren wie es die Karte angibt z. B. um + 3 weiter oder um − 6 zurück. Wenn das nicht geht, muss der Spieler einmal aussetzen. Kommt ihr auf ein Feld mit einem Spielplättchen, dann dürft ihr es wegnehmen.
Sieger ist, wer die meisten Spielplättchen hat.

2 Wer ist der beste Schätzer?

Bringt Gläser gefüllt mit kleinen Gegenständen (Eicheln, Murmeln, Erbsen, Steinen) mit.
Jedes Kind schätzt die Anzahl der Dinge in einem Glas.
Dann wir nachgezählt.

3 Rechenmauern bauen

Die Zielzahl soll immer 30 (40, 20) sein.
Findet mehrere Möglichkeiten.

1 Zahlen raten

Du denkst dir eine Zahl von 0 bis 100.
Dein Lernpartner versucht durch Fragen die Zahl zu erraten.
Du darfst nur mit „Ja“ oder „Nein“ antworten.
Dein Lernpartner darf nur zehnmal fragen.
Hat dein Lernpartner die Zahl erraten, dann denkt er sich eine Zahl und du musst sie erraten.

2 Aufgaben würfeln und lösen

Es wird immer abwechselnd mit drei Würfeln gewürfelt.
Du würfelst. Dein Lernpartner bildet zu den Würfelaugen möglichst viele Aufgaben und löst sie.
Beispiele:

42 + 6 =   42 − 6 =

64 + 2 =   24 − 6 =

oder

4 + 2 + 6 =   6 − 4 − 2 =

6 + 4 + 2 =   6 − 2 − 4 =

35 + 2 =   35 − 2 =

53 + 2 =   52 − 2 =

oder

3 + 5 + 2 =   5 − 3 − 2 =

5 + 3 + 2 =   5 − 2 − 3 =

3 Besondere Strecken an Buchstaben

Lege den Buchstaben **E** mit Stäbchen.
Zeige deinem Lernpartner, welche Strecken an den Buchstaben:

a) parallel zueinander sind,
b) senkrecht zueinander sind.

Lege und male andere Buchstaben, an denen Strecken parallel oder senkrecht zueinander sind.

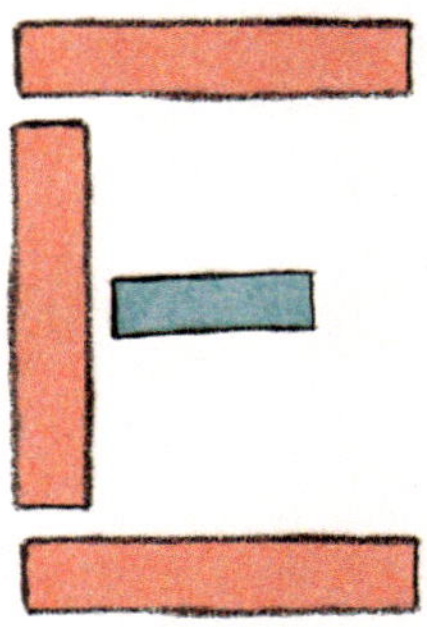

Kann ich das schon?

1

a) 47 + 8
72 + 9
88 + 5
38 + 6

b) 9 + 34
7 + 77
4 + 48
2 + 89

c) 52 − 4
87 − 9
31 − 6
93 − 7

d) 56 + ☐ = 62
34 + ☐ = 41
93 − ☐ = 88
81 − ☐ = 74

5	6	7	7
25	43	44	48
52	55	78	81
84	86	91	93

2 Setze das richtige Zeichen: < = > .

a) 48 + 8 ○ 52
62 + 9 ○ 71
74 + 7 ○ 82
29 + 6 ○ 32

b) 34 ○ 41 − 7
26 ○ 34 − 7
44 ○ 52 − 8
57 ○ 64 − 9

c) 83 + 8 ○ 87 − 4
44 + 5 ○ 42 − 4
62 + 9 ○ 78 − 6
91 + 5 ○ 93 − 8

3 Wie viel Euro sind es?

a) 

b) 

c) 

4

+	5	6	9	4	8
36					
77					

5

−	8	5	7	6	9
55					
81					

6

a) + 9
44 ☐
− ☐

b) + 6
87 ☐
− ☐

c) + ☐
☐ 92
− 5

d) + ☐
☐ 66
− 8

7 Stelle Fragen. Finde die Aufgabe und löse sie. Antworte im ganzen Satz.

a) Ben hat 46 Euro gespart. Er kauft sich für 9 Euro einen Fußball.

b) Lisa hat 22 Euro in der Geldbörse. Sie bezahlt 8 Euro für die Kinokarte.

8 + oder − ? Trage die Rechenzeichen ein.

a)	b)	c)
33 − 6 = 26 ◯ 1	44 ◯ 7 = 46 − 9	86 ◯ 9 = 79 ◯ 2
52 ◯ 9 = 58 + 3	79 + 2 = 85 ◯ 4	56 ◯ 8 = 61 ◯ 3
91 + 8 = 95 ◯ 4	61 − 0 = 59 ◯ 2	45 ◯ 6 = 48 ◯ 9

9 Bilde Aufgabenfamilien.

a) 17 8 9   b) 9 14 5   c) 7 6 13

10 An welchen Figuren findest du Strecken, die parallel zueinander sind?
Schreibe die Strecken auf.

Schreibe so:
$\overline{AB}$ verläuft parallel zu $\overline{CD}$.

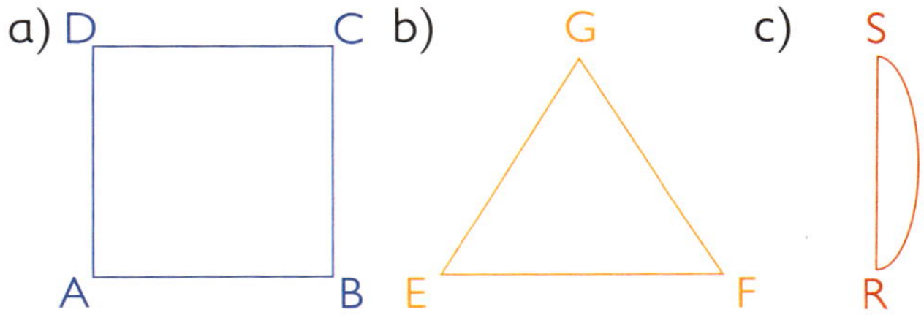

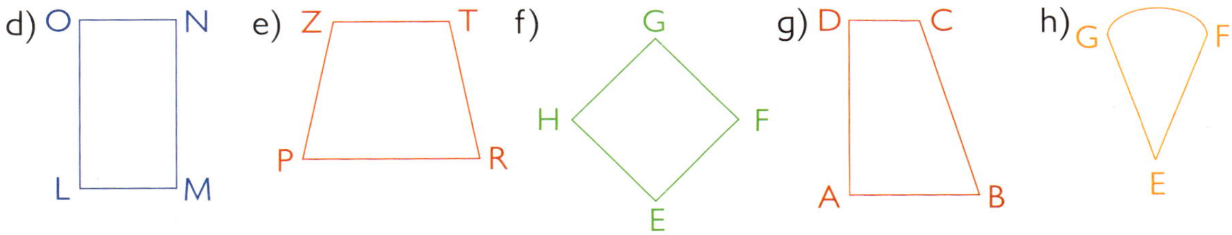

11 Zeichne die Figuren in dein Heft.
Wie viele rechte Winkel findest du an jeder Figur?

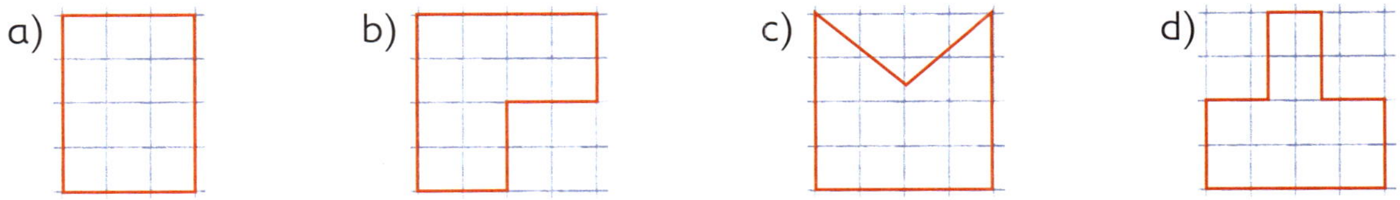

12 Übertrage das Muster in dein Heft.
Erfinde andere Muster mit parallelen Linien.

Dreiecke und Vierecke

Dreiecke: 

Vierecke: 

1 Zeige im Klassenzimmer Gegenstände, an denen du Dreiecke und Vierecke erkennst.

2 Arbeite mit dem Figurensatz. Vergleiche mit deinem Nachbarn.
a) Lege verschiedene Dreiecke. b) Lege verschiedene Vierecke.

3 Arbeite mit Stäbchen.
a) Lege die Figuren nach.
b) Lege verschiedene Dreiecke und Vierecke.
c) Lege Figuren aus Dreiecken und Vierecken.

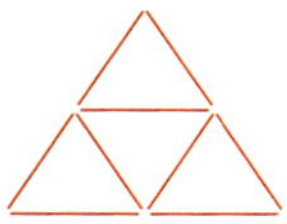

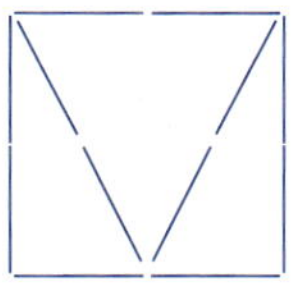

4 Lege die Figur mit Stäbchen.
Nimm ein Stäbchen so weg, dass 3 Vierecke entstehen.

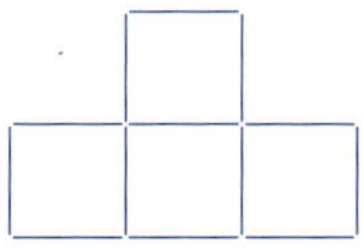

5 Arbeite mit dem Geobrett.
a) Spanne die Figuren nach.
b) Spanne andere Figuren.

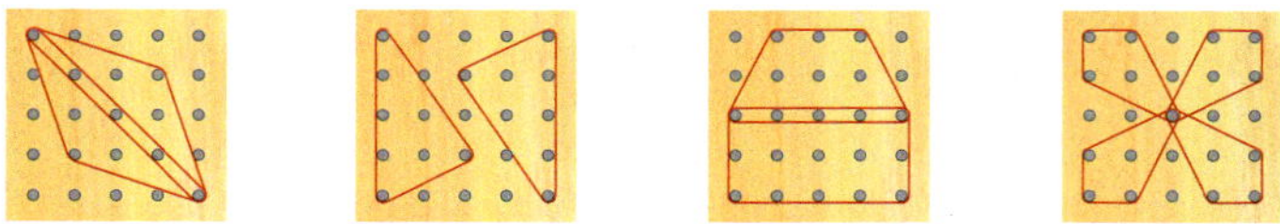

6 Zeichne ein Dreieck mit den Eckpunkten A, B, C und ein Viereck mit den Eckpunkten A, B, C, D. Schreibe darunter die vollständigen Merksätze.

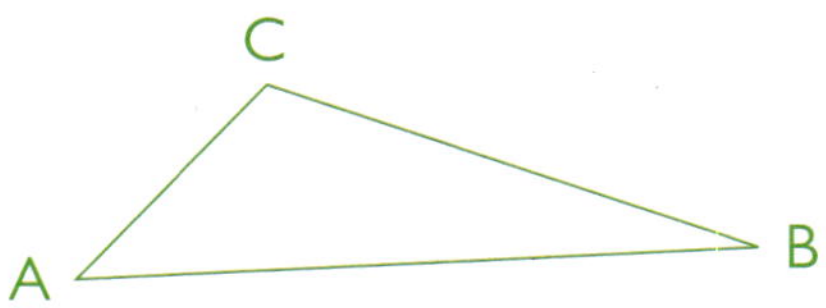

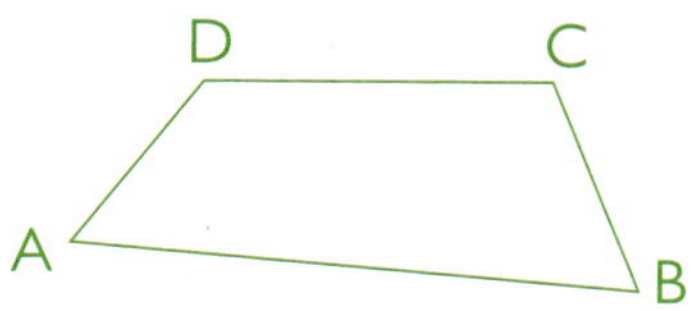

MERKE DIR

- A, B, C sind die ________ des Dreiecks.
- $\overline{AB}$, $\overline{BC}$, $\overline{CA}$ sind die ________ des Dreiecks.
- Ein Dreieck hat ___ Eckpunkte und ___ Seiten.

MERKE DIR

- A, B, C, D sind die ________ des Vierecks.
- $\overline{AB}$, $\overline{BC}$, $\overline{CD}$, $\overline{DA}$ sind die ________ des Vierecks.
- Ein Viereck hat ___ Eckpunkte und ___ Seiten.

1: Dreiecke und Vierecke in der Umwelt erkennen 2 und 3: Dreiecke und Vierecke legen
4: Anzahl der Vierecke nach Vorgabe verändern 5: Figuren spannen
6: Merkmale erkennen und aufschreiben

AH 24 | TÜ 27

1 Übertrage die Punkte A, B, C und D in dein Heft.
Verbinde sie so miteinander, dass 4 Dreiecke entstehen.
Gib die Eckpunkte der Dreiecke an.

Schreibe so:
Dreieck ABC

2 Aus einem Viereck sollen 8 gleich große Dreiecke entstehen.
So kannst du vorgehen:

1. Schritt: 2. Schritt: 3. Schritt: 4. Schritt: 5. Schritt:

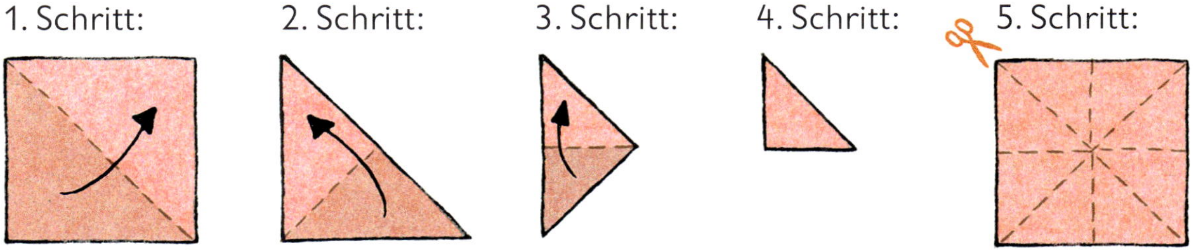

Schneide entlang der Faltlinien die Dreiecke aus.
Überprüfe, ob alle Dreiecke gleich groß sind.

3 In den beiden Figuren sind viele Dreiecke versteckt.
Finde die Dreiecke und gib die Eckpunkte an.

Schreibe so:
Dreieck ABC

a)

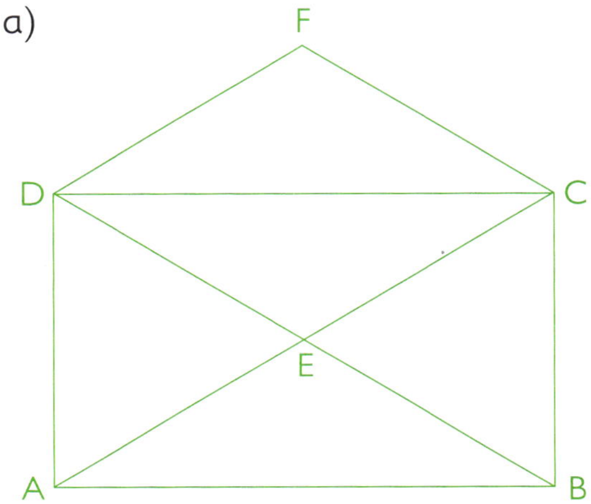

b)

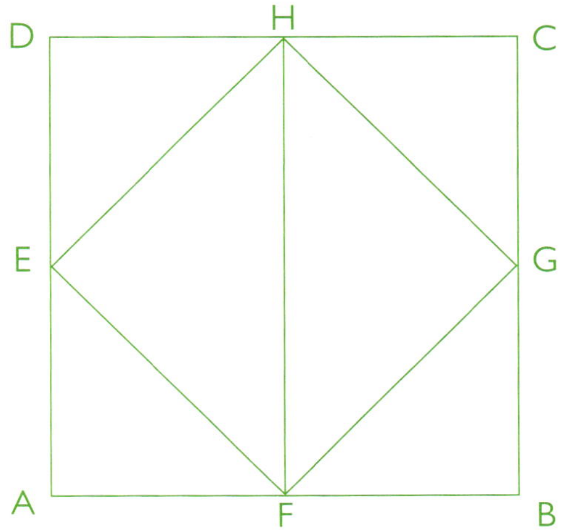

1: Rechteck zeichnen; Punkte zu Dreiecken verbinden
2: Falten nach Vorgabe, ausschneiden und prüfen
3: Dreieck mit den Eckpunkten benennen

Rechtecke und Quadrate

Rechtecke: 

Quadrate: 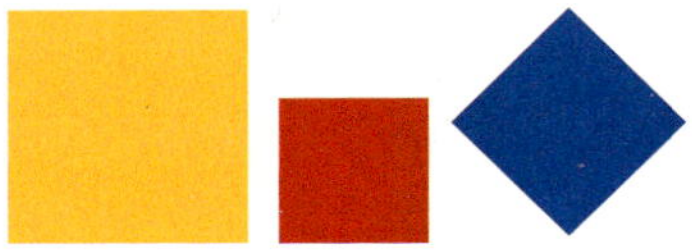

1 Zeige im Klassenzimmer Gegenstände, an denen du Rechtecke und Quadrate erkennst.

2 Spanne auf dem Geo-Brett:

a) 4 Quadrate

b) 3 Rechtecke

c) 2 Quadrate und 1 Rechteck

d) 3 Rechtecke und 1 Quadrat

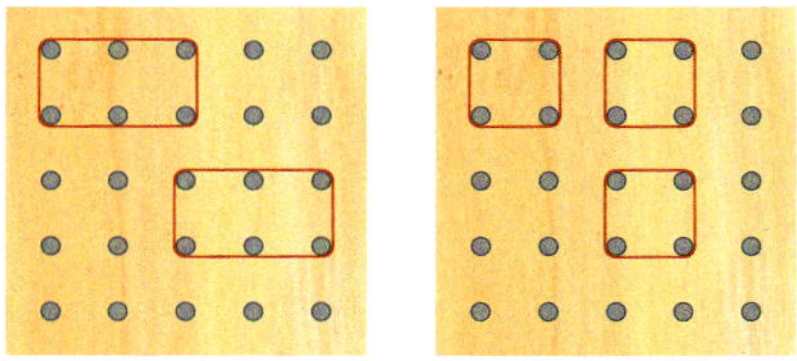

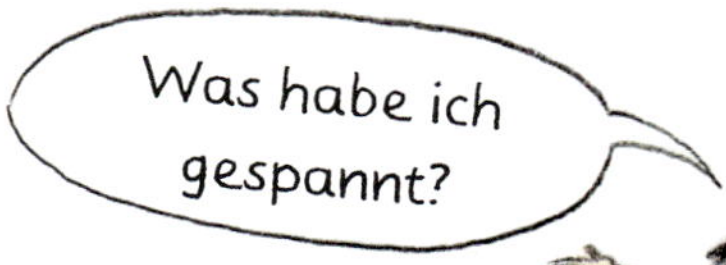

3 Arbeite mit dem Figurensatz.

a) Lege mit 4 Dreiecken verschiedene Quadrate und Rechtecke.

b) Lege mit 6 Quadraten verschiedene Rechtecke.

c) Lege mit 9 Quadraten ein großes Quadrat.

4 Wie viele Quadrate fehlen:

– zum Rechteck?

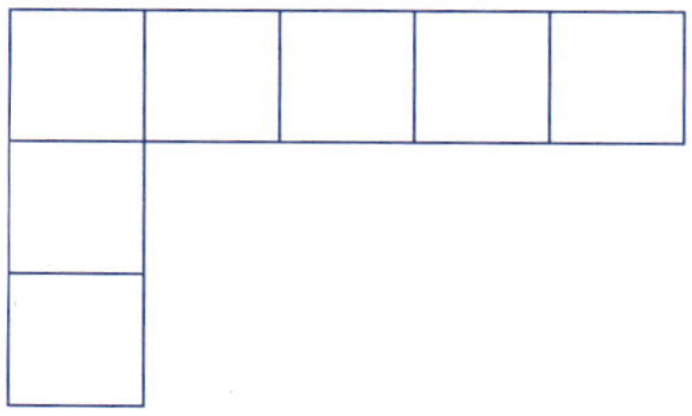

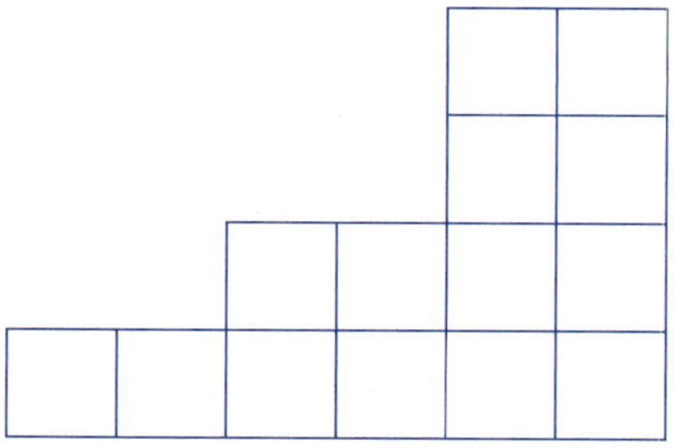

– zum Quadrat?

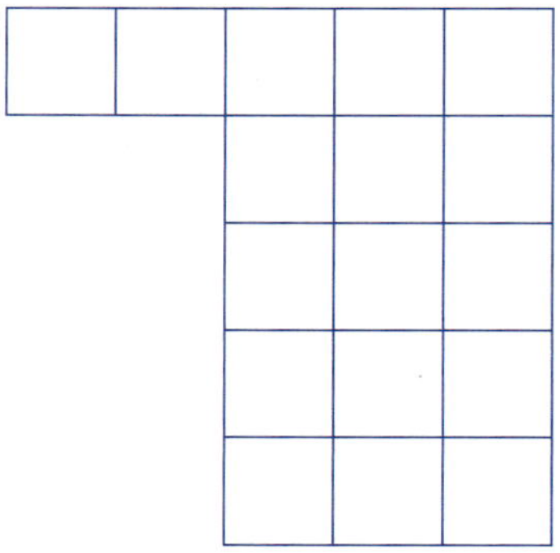

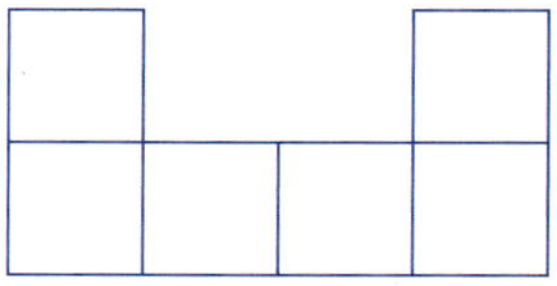

1: Rechteck/Quadrat erkennen 2: Figuren nach Vorgabe spannen
3: Figuren nach Vorgabe mit Legeplättchen legen
4: Anzahl der fehlenden Quadrate bestimmen

AH 26 | TÜ 28

1 Wähle aus dem Figurensatz ein Rechteck und ein Quadrat aus.
a) Miss die Seitenlängen. Was stellst du fest?
b) Überprüfe, ob die Seiten parallel zueinander sind.
c) Wie viele rechte Winkel findest du an den Figuren?
Zeige sie deinem Nachbarn.

2 Übertrage und vervollständige den Merksatz für das Quadrat in deinem Heft.

Rechteck **MERKE DIR**
- Das Rechteck ist ein Viereck.
- Es hat 4 rechte Winkel.
- Die gegenüberliegenden Seiten sind gleich lang und verlaufen zueinander parallel.

Quadrat **MERKE DIR**
- Das Quadrat ist ein ______.
- Es hat __ rechte Winkel.
- Alle Seiten sind ______.
- Die gegenüberliegenden Seiten verlaufen zueinander ______.

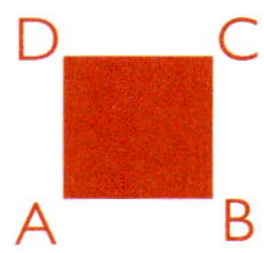

3 Zeichne Rechtecke.
a) Länge: 6 Kästchen Breite: 3 Kästchen
b) Zerlege das Rechteck in drei Rechtecke.
Finde mindestens zwei Möglichkeiten.

Beispiel:

4 Zeichne ein Quadrat mit einer Seitenlänge von 9 Kästchen.
Zerlege das Quadrat in drei Rechtecke.
Zeichne mindestens drei Möglichkeiten.

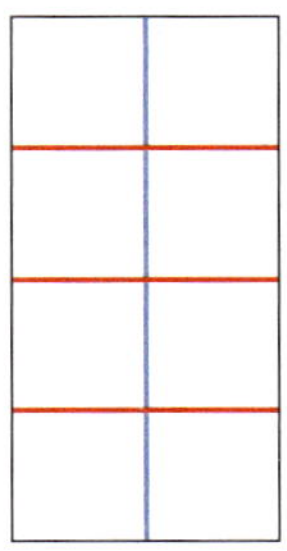

5 Zeichne ein Quadrat mit einer Seitenlänge von 8 Kästchen.
Zerlege es in ein Rechteck und zwei Quadrate.
Zeichne verschiedene Möglichkeiten.

6 Lege mit 14 gleich langen Stäbchen ein Rechteck.
Vergleiche deine Figur mit den Figuren deiner Mitschüler.
Welche Unterschiede erkennst du?

7 Kannst du mit 7 gleich langen Stäbchen ein Quadrat legen?
Probiere es aus. Sprich über dein Ergebnis.

1: Seitenlängen messen und vergleichen; Parallelität begründen; Winkel zählen und zeigen
2: Merksatz vervollständigen 3 bis 5: Rechteck/Quadrat zeichnen und zerlegen
6 und 7: Rechteck/Quadrat mit Stäbchen legen; Lösbarkeit diskutieren

1

Wer hat recht? Begründe deine Antwort.

Vervollständige den Satz:

Jedes Quadrat ist ______________________

2 Max behauptet: Jedes Rechteck ist ein Quadrat.
Stimmt das? Begründe deine Antwort.

3 Lege mit 8 gleich langen Stäbchen eine Figur:
a) die eine Rechteck und auch ein Quadrat ist.
b) die eine Rechteck, aber kein Quadrat ist.
c) die ein Viereck, aber kein Rechteck und kein Quadrat ist.

4 Ordne den Figuren die Namen zu: Viereck | Quadrat | Rechteck

Schreibe so auf: Die Figur A ist ein ______________________

1 a) Lege nach.

b) Setze das Muster fort.

c) Erfinde selbst Muster.

2 Übertrage die Muster in dein Heft und male sie weiter.

a)

b)

c)

d)

e)

3 Zeichne eigene Muster.

4 Zeichne ab.

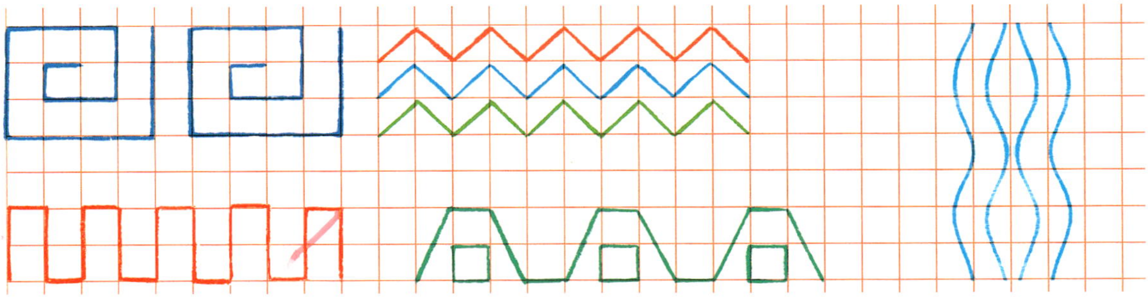

1 bis 4: Legen und zeichnen von Mustern

Meter und Zentimeter

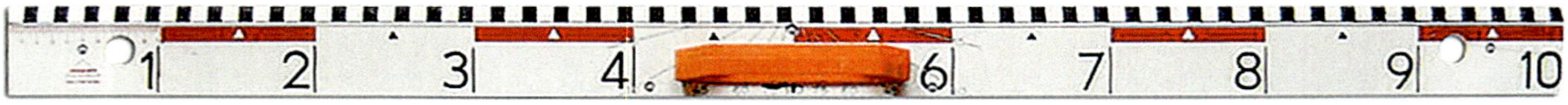

Erinnere dich:
Du sprichst: ein Meter
Du schreibst: 1 m   1 m = 100 cm

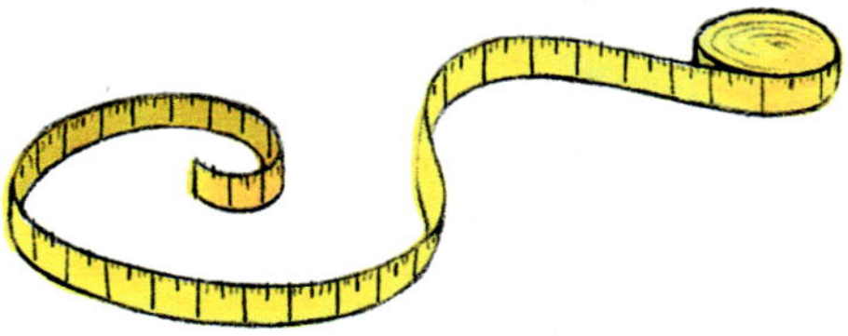

1 Das Tafellineal ist genau 1 m lang.

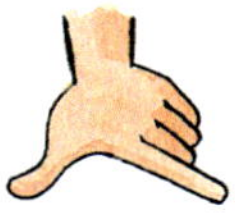

a) Anna benötigt 8 Handspannen für 1 m.
Wie viele Handspannen benötigst du ungefähr?

b) Wie viele Fußlängen benötigst du ungefähr für 1 m?

c) Wie viele Schritte benötigst du ungefähr für 1 m?

2 Miss mit dem Tafellineal oder dem Gliedermaßstab. Schreibe die Ergebnisse so in dein Heft:

a) die Länge und die Breite des Klassenzimmers
b) die Länge und die Breite deiner Bank
c) die Höhe und die Breite des Fensters
d) die Höhe und die Breite des Türrahmens
e) die Länge und die Breite des Lehrertisches
f) den Abstand des Lichtschalters vom Fußboden

	Länge	Breite
Bank	1 m 20 cm	
Fenster		
Tür		
...		

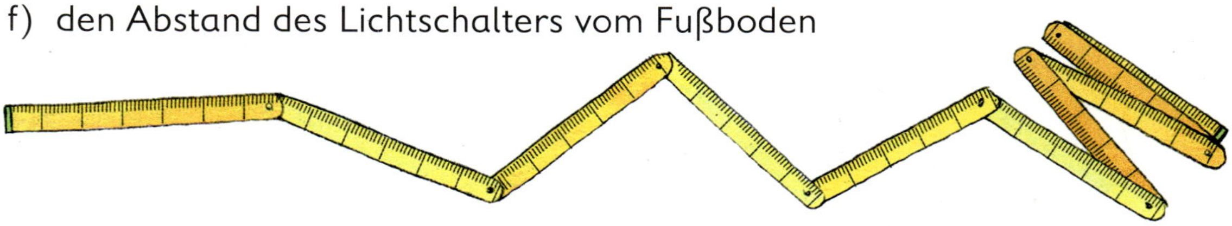

1: Körpermaße als Festwerte erfassen; Größenvorstellung von 1 m ausbilden
2: Mit den Begriffen „Länge“, „Breite“ und „Höhe“ umgehen; Gegenstände messen

AH 28

Erinnere dich:

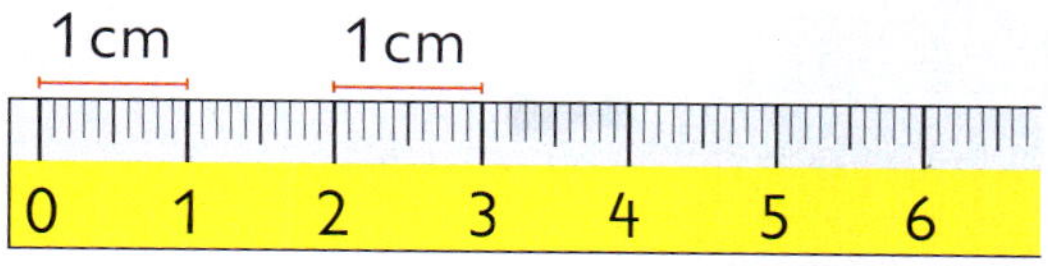

Du sprichst: ein Zentimeter

Du schreibst: 1 cm

Strecke

Anfangspunkt Endpunkt

$\overline{AB}$ = 4 cm

1 a) Miss die Längen der Strecken.

Schreibe so: $\overline{AB}$ = cm

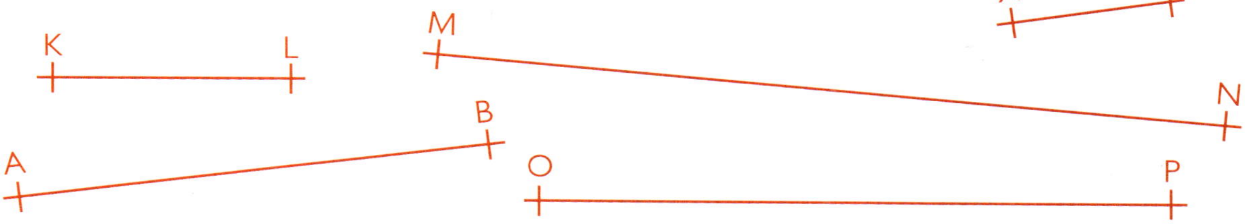

b) Vergleiche die Längen der Strecken.

$\overline{KL}$ und $\overline{MN}$

$\overline{HI}$ und $\overline{KL}$

$\overline{OP}$ und $\overline{MN}$

$\overline{AB}$ und $\overline{HI}$

$\overline{KL}$ und $\overline{XY}$

$\overline{KL}$ und $\overline{HI}$

Sprich so:

ist länger als ,

ist kürzer als ,

und sind gleich lang.

2 Zeichne und lass von deinem Nachbarn überprüfen.

$\overline{KL}$ = 4 cm

$\overline{MN}$ = 8 cm

$\overline{ST}$ = 2 cm

3 $\overline{AB}$ = 5 cm → $\overline{CD}$ ist 3 cm länger als $\overline{AB}$

$\overline{OP}$ ist doppelt so lang wie $\overline{AB}$

$\overline{RS}$ ist halb so lang wie $\overline{CD}$

4 Wie lang ist die Gesamtstrecke $\overline{AF}$?

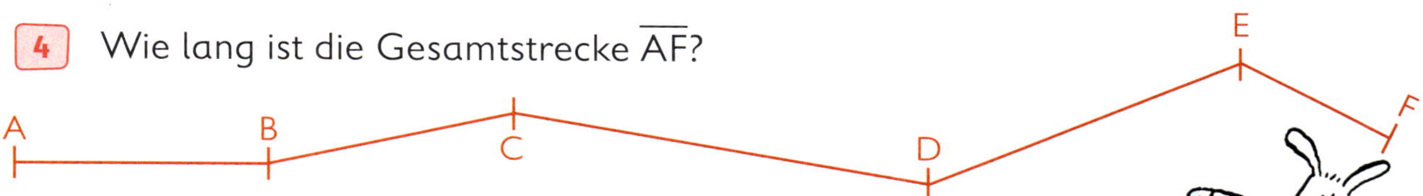

5 Miss folgende Gegenstände:

a) Höhe und Breite deines Mathematikbuches

b) Höhe und Breite deines Mathematikheftes

c) die Länge deines kleinsten und größten Stiftes

1: Strecken messen und vergleichen 2 und 3: Strecken nach Vorgabe zeichnen
4: Einzelne Strecken messen; Gesamtlänge berechnen 5: Gegenstände messen

Millimeter

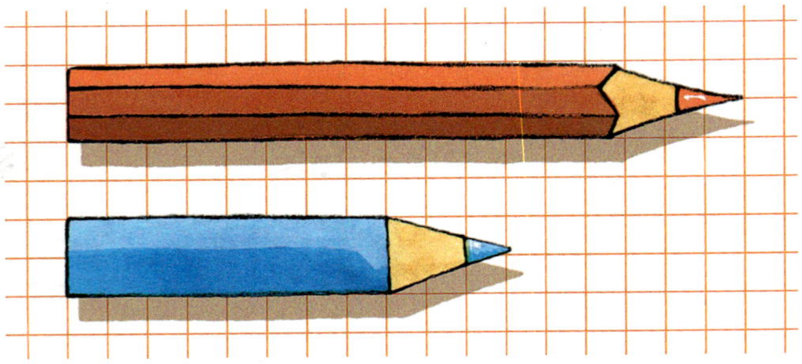

1 Miss die Länge der Stifte.
Was stellst du fest?

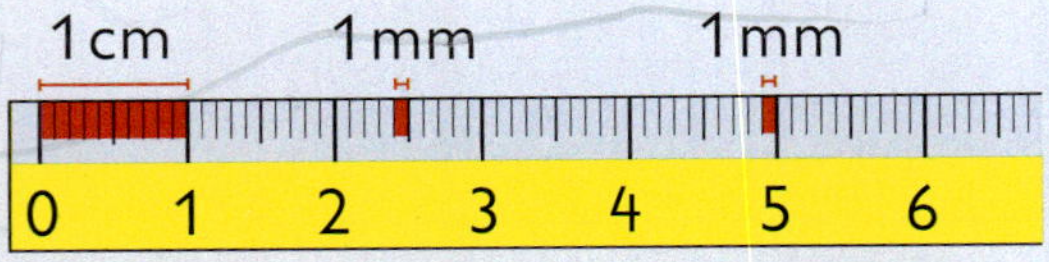

Du sprichst: ein Millimeter
Du schreibst: 1 mm
1 cm = 10 mm

roter Stift: 78 mm = 7 cm 8 mm
blauer Stift: 47 mm = ☐ cm ☐ mm
Miss nach.

2 Miss folgende Strecken.

Schreibe so: $\overline{AB}$ = ☐ mm, $\overline{AB}$ = ☐ cm ☐ mm

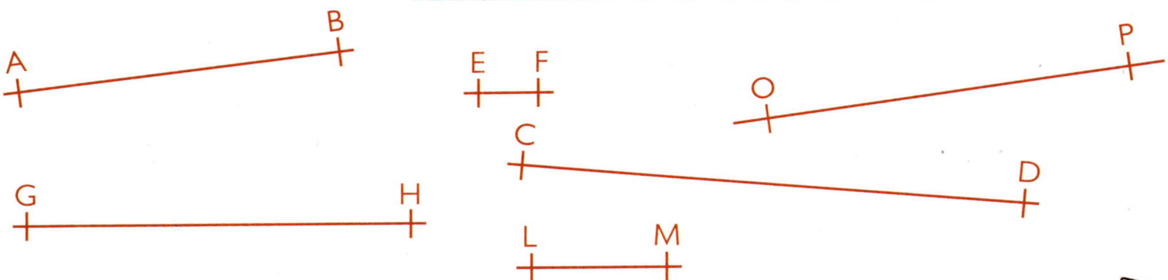

3 Miss Gegenstände aus deiner Federtasche und gib deren Länge an.
Dein Lernpartner überprüft durch Nachmessen.

4 Finde Dinge, die etwa 1 mm, 5 mm und 10 mm dick sind.

5 Zeichne Strecken mit folgender Länge:

a) $\overline{AB}$ = 4 cm
b) $\overline{CD}$ = 2 cm
c) $\overline{EF}$ = 10 cm
d) $\overline{RS}$ = 54 mm
e) $\overline{PQ}$ = 38 mm
f) $\overline{VW}$ = 82 mm
g) $\overline{KL}$ = 7 cm 3 mm
h) $\overline{MN}$ = 5 cm 5 mm
i) $\overline{YZ}$ = 3 cm 8 mm

Addieren mit zweistelligen Zahlen und Zehnerzahlen

1 Erkläre, wie die Kinder rechnen.

36 + 20 =

30 + 20 = 50	30 + 20 = 50
50 + 6 = 56	36 + 20 = 56
36 + 20 = 56	

Ben legt die Aufgabe:

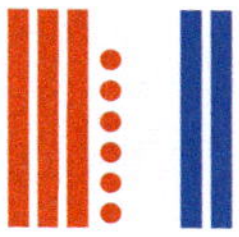

36 + 20 = 56

Anna zeigt ihren Rechenweg an der Hundertertafel.

1				5					10
11				15					20
21				25					30
31				35	36				40
41				45	+ 20				50
51				55	56				60
61				65					70
71				75					80
81				85					90
91				95					100

2 a) 36 + 30 b) 66 + 10 c) 71 + 20 d) 36 + 50
29 + 60 23 + 50 39 + 40 33 + 60
45 + 40 44 + 30 53 + 30 52 + 30

3 a) 50 + 45 b) 70 + 21
60 + 33 20 + 66
10 + 79 30 + 41

4

WIEDERHOLE

30 + 20	60 + 30	50 + 40	20 + 40	40 − 20		
40 + 50	30 + 30	60 + 20	50 + 30	60 − 30	80 − 40	90 − 20
80 + 10	20 + 20	40 + 40	60 + 40	90 − 10	40 − 30	60 − 40

1: Lösungswege erfassen und anwenden
2 und 3: Addieren
4: Begriffe verstehen; Aufgabe finden und lösen

Subtrahieren mit zweistelligen Zahlen und Zehnerzahlen

1 Erkläre, wie die Kinder rechnen.

67 − 40 = ☐

60 − 40 = 20	60 − 40 = 20
20 + 7 = 27	67 − 40 = 27
67 − 40 = 27	

Max legt die Aufgabe:

67 − 40 = 27

Anna zeigt ihren Rechenweg an der Hundertertafe

1				5					10
11				15					20
21				25		27			30
31				35		↑	−40		40
41				45					50
51				55					60
61				65		67			70
71				75					80
81				85					90
91				95					100

2

a) 73 − 30
22 − 10
66 − 20
58 − 40
91 − 80

b) 54 − 20
71 − 50
49 − 30
66 − 40
77 − 60

c) 95 − 60
44 − 10
55 − 20
99 − 70
96 − 30

d) 59 − 40
93 − 70
84 − 40
64 − 50
38 − 20

11	12	14	17
18	18	19	19
21	23	26	29
34	34	35	35
43	44	46	66

3

a) 70 − 55
50 − 25
90 − 63
40 − 17
30 − 12

b) 90 − 15
40 − 25
60 − 34
60 − 25
80 − 46

4

Der Minuend ist 76 und der Subtrahend ist 40. Berechne die Differenz.

Der Minuend ist 90 und der Subtrahend ist 45. Berechne die Differenz.

1: Lösungswege erfassen und anwenden
2 und 3: Subtrahieren
4: Begriffe verstehen; Aufgabe finden und lösen

Addieren zweistelliger Zahlen ohne Zehnerübergang

1 Erkläre, wie die Kinder rechnen.

Ich zerlege den 2. Summanden in Zehner und Einer. Dann addiere ich die Zehner. Zum Schluss addiere ich die Einer.

53 + 24 =

53 + 24
53 + 20 = 73
73 + 4 = 77
53 + 24 = 77

53 + 24
50 + 20 = 70
3 + 4 = 7
70 + 7 = 77
53 + 24 = 77

Ich zerlege beide Summanden in Zehner und Einer. Dann addiere ich die Zehner, anschließend die Einer. Zum Schluss addiere ich beide Summen.

2 Zeige beide Rechenwege am Zahlenstrahl.

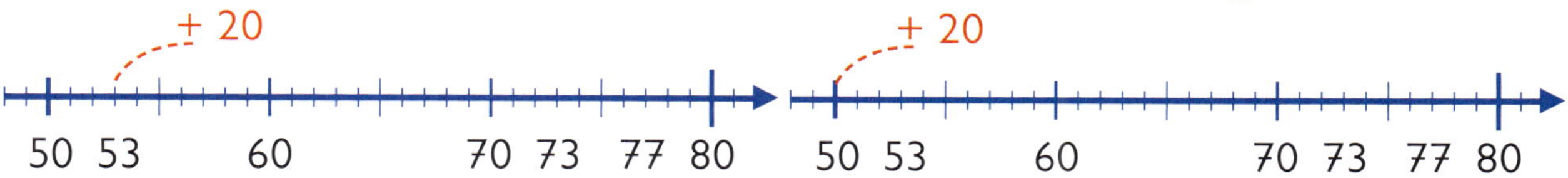

3
a) 21 + 7, 21 + 17, 21 + 27
b) 21 + 16, 44 + 25, 21 + 23
c) 44 + 15, 23 + 30, 61 + 27
d) 21 + 47, 36 + 22, 26 + 63
e) 33 + 17, 45 + 35, 31 + 29

4 So rechnen andere Kinder:

Tom:

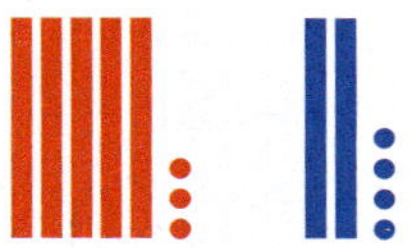

53 + 24 = 77

Lisa:

53 + 24
3 + 4 = 7
50 + 20 = 70
53 + 24 = 77

Ben:

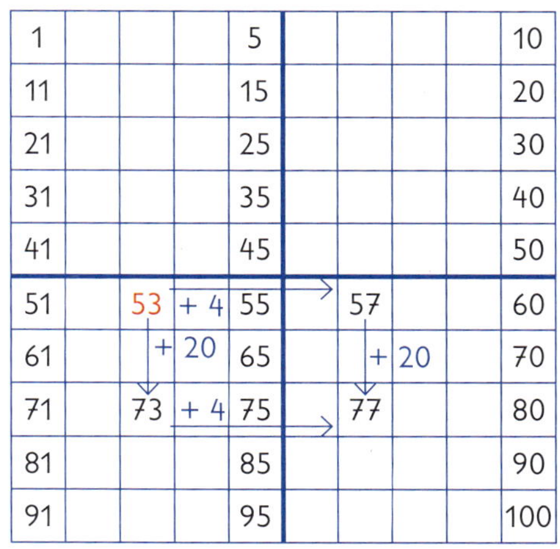

Erkläre, wie die Kinder gerechnet haben.

5 Rechne. Was stellst du fest?

a) 23 + 32, 24 + 32, 25 + ___, ___ + ___
b) 45 + 33, 44 + 33, 43 + ___, ___ + ___
c) 35 + 24, 34 + 25, 33 + ___, ___ + ___
d) 28 + 42, 26 + 44, 24 + ___, ___ + ___

1: Unterschiede der Lösungswege erkennen 2: Lösungsweg am Zahlenstrahl darstellen
3: Addieren 4: Weitere Lösungswege verstehen und erklären
5: Addieren; Besonderheiten erkennen

Subtrahieren zweistelliger Zahlen ohne Zehnerübergang

1 Erkläre, wie die Kinder rechnen.

76 – 43 = ☐

76 – 43	76 – 43
76 – 40 = 36	70 – 40 = 30
36 – 3 = 33	6 – 3 = 3
76 – 43 = 33	30 + 3 = 33
	76 – 43 = 33

2 Zeige den Rechenweg von Lisa am Zahlenstrahl.

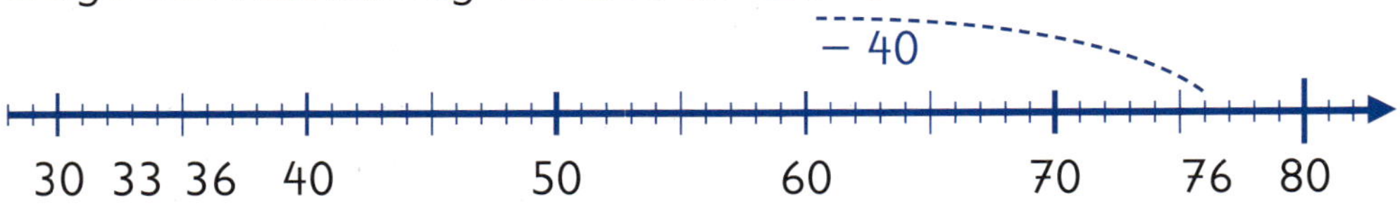

3

a)	b)	c)	d)	e)
78 – 6	22 – 11	63 – 42	76 – 26	90 – 62
78 – 16	93 – 42	84 – 31	83 – 23	50 – 33
78 – 26	78 – 35	73 – 22	70 – 25	80 – 26

4 So rechnen andere Kinder:

Tom:

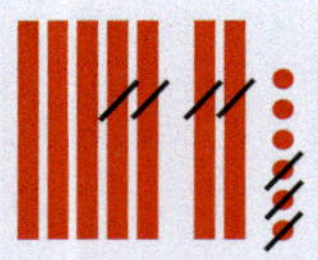

76 – 43 = 33

Lisa:

76 – 43
76 – 3 = 73
73 – 40 = 33
76 – 43 = 33

Ben:

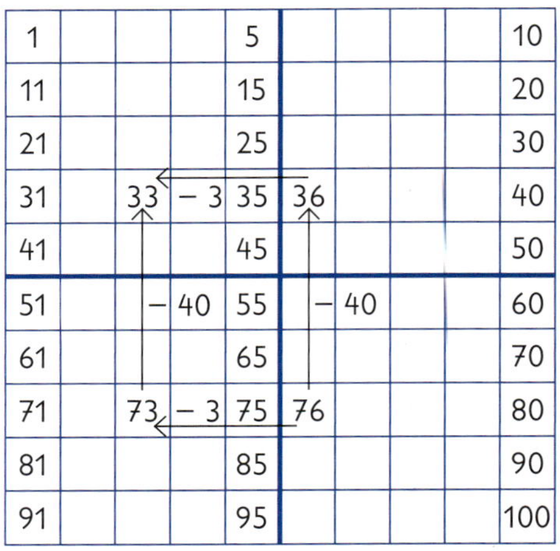

Erkläre, wie die Kinder gerechnet haben.

5 Rechne. Was stellst du fest?

a)	b)	c)	d)
84 – 42	78 – 53	68 – 22	92 – 32
85 – 42	77 – 53	67 – 23	94 – 34
86 – 42	76 – 53	66 – ☐	96 – ☐
☐ – ☐	☐ – ☐	☐ – ☐	☐ – ☐

1: Unterschiede der Lösungswege erkennen 2: Lösungsweg am Zahlenstrahl darstellen
3: Subtrahieren 4: Weitere Lösungswege verstehen und erklären
5: Subtrahieren; Besonderheiten erkennen

1 Berechne die Summe. Rechne auch die Umkehraufgabe.

a)	b)	c)	d)
26 + 43	41 + 37	82 + 17	64 + 23
14 + 44	22 + 72	66 + 13	55 + 24
45 + 22	33 + 31	12 + 47	61 + 34
71 + 28	11 + 44	24 + 35	47 + 12

55	58	59	59
59	64	67	69
78	79	79	87
94	95	99	99

2 Berechne die Differenz. Überprüfe mit der Umkehraufgabe.

a)	b)	c)	d)
47 − 25	96 − 54	68 − 37	79 − 28
68 − 57	77 − 22	89 − 33	95 − 44
69 − 38	86 − 25	99 − 18	77 − 26
54 − 43	78 − 54	69 − 14	88 − 46

11	11	22	24
31	31	42	42
51	51	51	55
55	56	61	81

3 Setze das richtige Zeichen: < = > .

a)	b)	c)
42 + 17 ◯ 60	59 − 36 ◯ 25	35 ◯ 24 + 11
24 + 25 ◯ 44	78 − 47 ◯ 31	86 ◯ 99 − 23
44 + 33 ◯ 77	35 − 24 ◯ 12	63 ◯ 41 + 32
51 + 44 ◯ 90	99 − 48 ◯ 32	43 ◯ 77 − 32

4 Von 86 Kindern der 3. Klassen können 53 Kinder schwimmen. Wie viele Nichtschwimmer gibt es in den 3. Klassen?

5 Am Wettrennen nehmen 34 Kinder der Waldschule und 25 Kinder der Parkschule teil. Wie viele Kinder nehmen insgesamt am Wettrennen teil?

6 Ergebnisse beim Pfeilwerfen:

Wurf	1	2
Ben	22	34
Lisa	44	13
Tom	15	33

Wurf	1	2
Max	41	16
Anna	25	24
Maria	32	21

a) Wer hat die meisten Punkte erzielt?
b) Wer hat die wenigsten Punkte erzielt?

1 und 2: Addieren und Subtrahieren, mit der Umkehraufgabe prüfen
3: Summen/Differenzen bilden, vergleichen und Relationszeichen setzen
4 bis 6: Inhalt erfassen; Aufgabe bilden und lösen; im Satz antworten

1 Welche Aufgabenbriefe gehören in welchen Briefkasten? Rechne.

90 – 24 | 48 – 16 | 99 – 4 | 77 – 45 | 45 + 21 | 51 + 26

98 – 21 | 83 – 51

54 + 41 | 32 + 63 | 75 – 43 | 88 – 11 | 42 + 24 | 70 + 25

2

a)	b)	c)
36 + 23	76 – 25	42 + 38
44 + 16	92 – 51	54 – 31
51 + 28	78 – 36	32 + 35
26 + 42	84 – 62	93 – 62
17 + 62	36 – 16	33 + 67

20 22 23 31
41 42 51 59
60 67 68 79
79 80 100

3

24 + 56
38 – 26
92 – 22
16 + 44
81 – 41

4

Addiere zu 36 die Zahl 43. Wie heißt die Summe?

Wenn du zu einer Zahl 51 addierst, erhältst du 72. Wie heißt die Zahl?

5

+	32	56	43	25	
24					
41					76

–	23	51	44	35	
87					
65					34

6 Bilde selbst Aufgaben. Rechne im Heft.

23 + 24 = 47

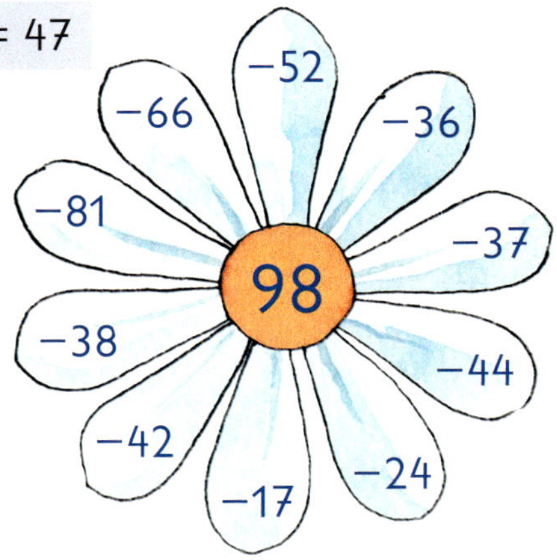

17 32 40
46 47 48
54 55 56
59 60 61
62 68 74
74 77 81
88 97

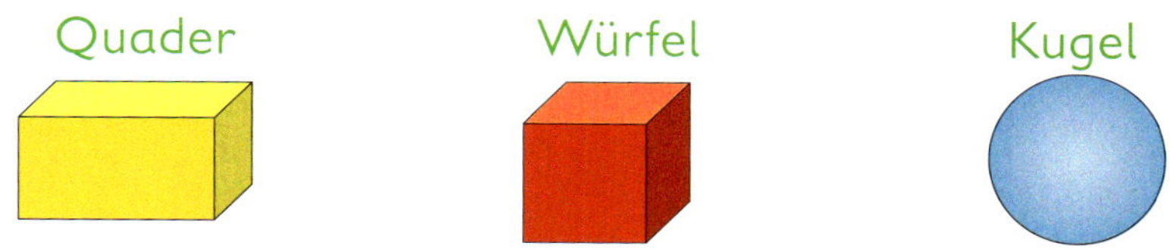

MERKE DIR

1 Nenne Gegenstände mit der Form eines Quaders, eines Würfels oder einer Kugel.
a) Wie viele Flächen, Ecken und Kanten haben die Körper?
b) Lege eine Tabelle an.
c) Was stellst du fest?

2 Fertige die Abdrücke eines Quaders, eines Würfels und einer Kugel an.
Sprich mit einem Partner darüber:
Welche Formen haben die Abdrücke?
Wie viele verschiedene Abdrücke gibt es bei jedem Körper?

3 Baue diese Körper mit Stäbchen und Knetkügelchen nach.
Fertige dazu eine Tabelle an.
Trage ein, was du benötigst.

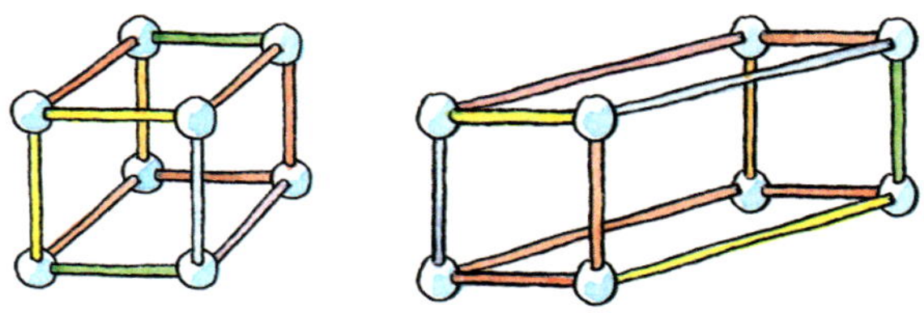

WIEDERHOLE

Welche Figuren sind Dreiecke oder Rechtecke?

1: Gegenstände aus der Umwelt nennen
2: Abdrücke anfertigen, Flächen färben und drucken oder Sandabdruck machen
3: Körper herstellen; Tabelle ausfüllen

1 Wer hat recht? Begründe deine Antwort.

Vervollständige den Satz:

Jeder Würfel ist ______________________

2 Vergleiche den Würfel mit dem Quader.

a) Was unterscheidet diese beiden Körper?

b) Was ist bei beiden Körpern gleich?

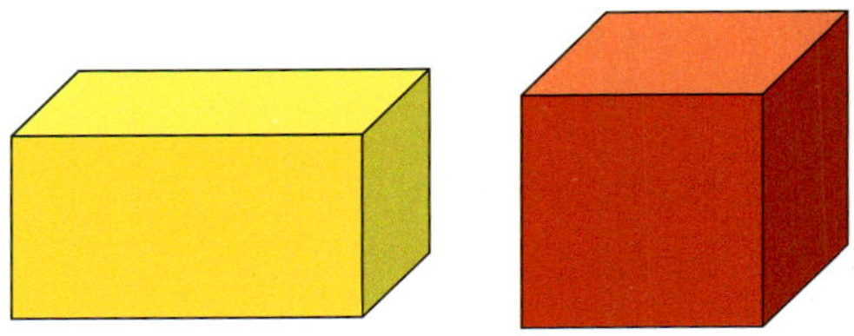

Die Karten helfen dir:

- Gegenüberliegende Kanten sind gleich lang.
- Gleiche Anzahl der Kanten.
- Alle Flächen sind Quadrate.
- Die Flächen sind Rechtecke oder Quadrate.
- Die Flächen sind Rechtecke.
- Gleiche Anzahl von Ecken.
- Die gegenüberliegenden Flächen sind gleich.
- Alle Kanten sind gleich lang.
- Alle Flächen sind gleich.

3 Hier wird zersägt.

a) 

b) 

c) 

a) Wie heißen die Körper, die zersägt werden?

b) Wie viele Würfel entstehen aus jedem Körper?

1: Würfel als besonderen Quader erfassen und begründen; Satz vervollständigen
2: Unterschiede und Gemeinsamkeiten nennen
3: Körper als Würfel bzw. Quader identifizieren; Anzahl der Würfel nennen

AH 35

1 Lisa behauptet: „Jeder Quader ist auch ein Würfel."
Stimmt das? Begründe deine Antwort.

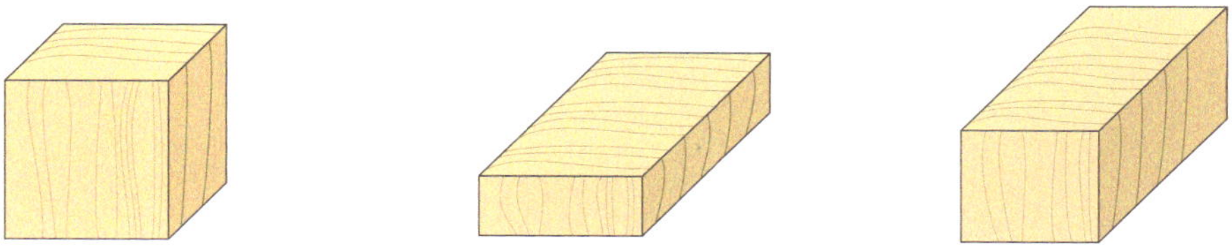

2 Zu welchem Körper gehören die Steckbriefe?

Der Körper hat 6 Flächen.
Die Flächen sind Quadrate.

Der Körper hat 6 Flächen.
2 Flächen sind Quadrate und
4 Flächen sind Rechtecke.

Der Körper hat 6 Flächen.
Die Flächen sind Rechtecke.

3 Aus den Würfelbauten sollen Quader entstehen.
a) Wie viele Würfel benötigst du noch für jeden Würfelbau?

Würfel | Würfel | Würfel

b) Baue die Quader.

4 Aus jedem Würfelbau soll ein großer Würfel entstehen.
Wie viele Würfel benötigst du noch?

Würfel | Würfel | Würfel

1: Würfel als besonderen Quader erfassen
2: Steckbriefe dem Würfel oder Quader zuordnen
3 und 4: Die Anzahl der fehlenden Würfel bestimmen

Bauen mit Würfeln

1 Welche Würfelbauten sind gleich?

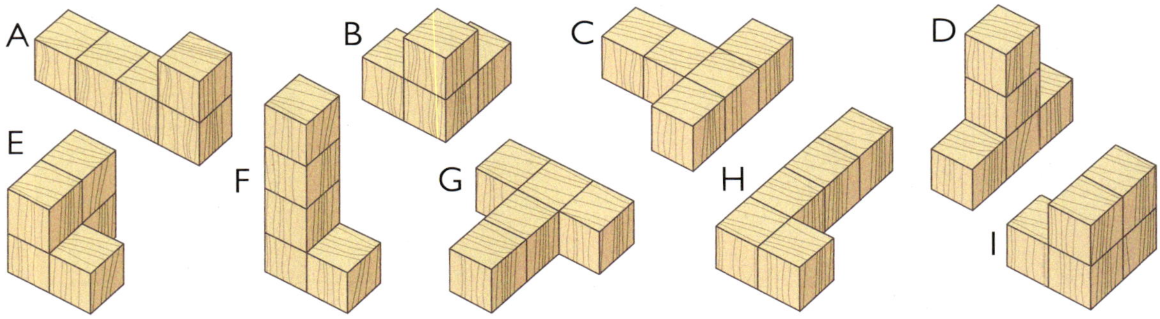

2 a) Wie viele Würfel benötigst du zum Bauen?
b) Vervollständige die Baupläne.

3	

3	
2	

2		

3		
1		

3 Baue nach den Bauplänen.

a)

3	3	3
2	2	2
1	1	1
1	1	1

b)

3	2	2
2	2	1
1	1	
1	1	

c)

4	2	2	4
3	1	1	3
	1	1	

d)

3	4	4	3
2	3	3	2
		2	1
		2	1

4 Wahr (w) oder falsch (f)?

1: Gleiche Bauten erkennen 2: Anzahl der Würfel bestimmen; Baupläne vervollständigen
3: Nach Plan bauen 4: Wahrheitsgehalt prüfen und begründen

Addieren zweistelliger Zahlen mit Zehnerübergang

1 Erkläre, wie die Kinder rechnen.

Ich zerlege den 2. Summanden in Zehner und Einer. Dann addiere ich erst die Zehner, dann die Einer.

37 + 25 =

37 + 25
37 + 20 = 57
57 + 5 = 62
37 + 25 = 62

37 + 25
30 + 20 = 50
7 + 5 = 12
50 + 12 = 62
37 + 25 = 62

Ich zerlege beide Summanden in Zehner und Einer. Dann addiere ich die Zehner, dann die Einer. Zuletzt addiere ich die Summen.

2 Zeige beide Rechenwege am Zahlenstrahl.

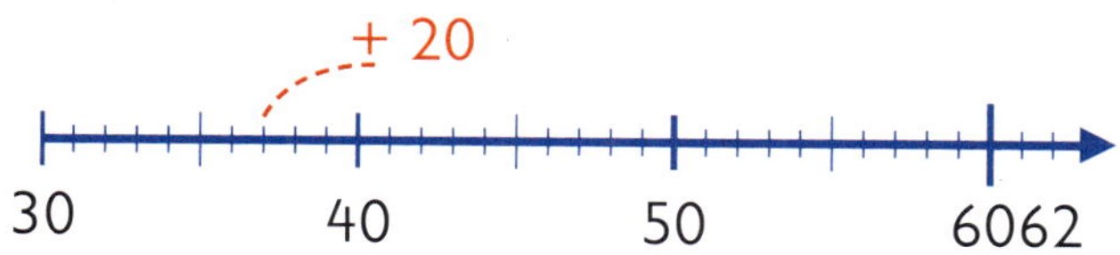

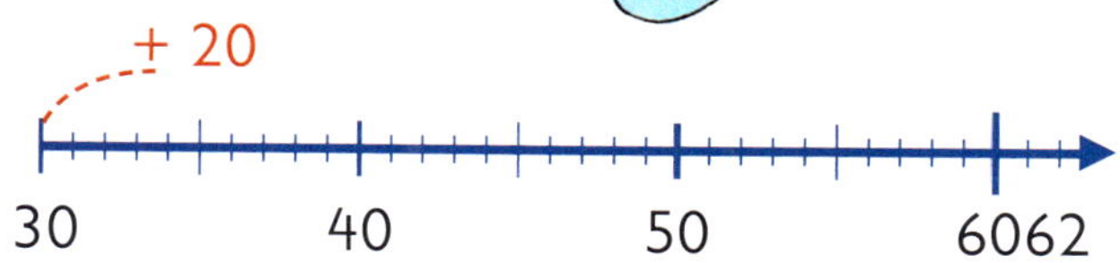

3

a)	b)	c)	d)
37 + 8	26 + 15	44 + 28	36 + 39
37 + 18	48 + 26	53 + 28	29 + 26
37 + 28	78 + 14	79 + 15	49 + 37
37 + 38	37 + 25	66 + 26	44 + 39

41	45	55	55
62	65	72	74
75	75	81	83
86	92	92	94

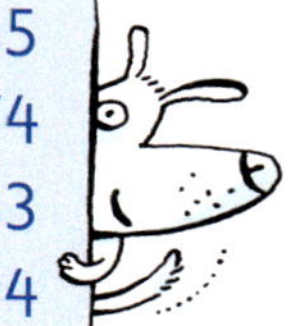

4 So rechnen andere Kinder:

Tom:

37 + 25 = 62

Lisa:

37 + 25
37 + 3 = 40
40 + 22 = 62
37 + 25 = 62

Ben:

1				5					10
11				15					20
21				25					30
31				35		37			40
41				45		+ 20			50
51				55		57	+ 5		60
61 →	62			65					70
71				75					80
81				85					90
91				95					100

Erklärе, wie die Kinder gerechnet haben.

5 Rechne. Was stellst du fest?

a)	b)	c)	d)
24 + 16	28 + 6	17 + 22	15 + 50
25 + 17	27 + 16	27 + 23	18 + 48
26 + 18	26 + 26	37 + 24	21 + 46
☐ + ☐	☐ + ☐	☐ + ☐	☐ + ☐

1: Unterschiede der Lösungswege erkennen 2: Lösungsweg am Zahlenstrahl darstellen 3: Addieren
4: Weitere Lösungswege verstehen und erklären 5: Addieren; Besonderheiten erkennen

1 a) Lege und rechne.
28 € + 16 €

b) 28 € + 34 €
37 € + 28 €
19 € + 16 €
33 € + 28 €
44 € + 37 €

c) 43 € + 27 €
66 € + 15 €
23 € + 19 €
48 € + 35 €
16 € + 46 €

d) 16 € + 38 €
67 € + 25 €
28 € + 15 €
46 € + 27 €
47 € + 36 €

2 a) Zwei Klassen führen gemeinsam ein Fest durch.
Aus der Klasse 2a kommen 18 Mädchen und 7 Jungen.
Aus der Klasse 2b kommen 23 Kinder.
Wie viele Kinder nehmen am Fest teil?

b) Der Klassenraum ist mit roten und gelben Luftballons geschmückt.
Von jeder Farbe sind es 17.
Wie viele Luftballons sind es insgesamt?

3 a) 23 + 7 + 12
44 + 15 + 6
67 + 8 + 25
16 + 16 + 16
18 + 24 + 6

b) 26 + 50 + 4
20 + 24 + 6
31 + 45 + 9
22 + 8 + 35
27 + 25 + 3

4 38 + 12 + 44
26 + 15 + 34
42 + 25 + 18
14 + 27 + 26
57 + 18 + 23

5

+	9	28	35	46	
35					
48					81

+	26	47	53	38	
27					46
19					

6

22			
11	11	9	6

7

100			
63			
	21		
	19		

8

88			
	35		
	20		

1: Addieren 2: Sachaufgaben lösen; Vorbereitung der Addition mit 3 Summanden
3 und 4: Additionsaufgaben mit 3 Summanden lösen; vorteilhaftes Rechnen erkennen
5: Tabellen ergänzen 6 bis 8: Rechenmauern lösen

AH 36 | TÜ 35

Subtrahieren zweistelliger Zahlen mit Zehnerübergang

1 Erkläre, wie die Kinder rechnen.

Ich zerlege die 2. Zahl in Zehner und Einer. Dann subtrahiere ich die Zehner, danach die Einer.

43 − 25 =

43 − 25	43 − 25
43 − 20 = 23	13 − 5 = 8
23 − 5 = 18	30 − 20 = 10
43 − 25 = 18	8 + 10 = 18
	43 − 25 = 18

Weil 3 – 5 nicht geht, rechne ich 13 – 5. Dann geht es mit 30 – 20 weiter. Zum Schluss addiere ich die Ergebnisse.

2 Zeige am Zahlenstrahl, wie Anna rechnet.

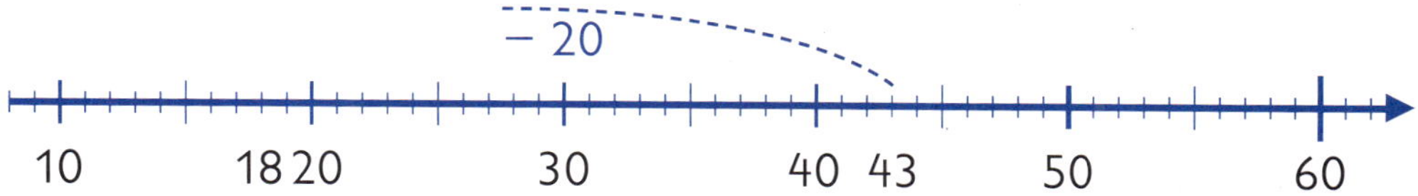

3 Rechne.

a) 96 − 8, 96 − 18, 96 − 28

b) 34 − 6, 34 − 16, 34 − 26

c) 47 − 18, 93 − 28, 44 − 27

d) 56 − 27, 75 − 46, 83 − 36

4

86 − ___ = 59

44 − ___ = 18

93 − ___ = 49

72 − ___ = 38

5 So rechnen andere Kinder:

Tom:

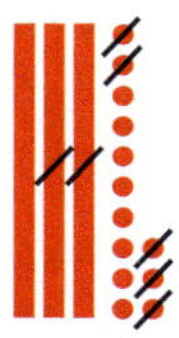

43 − 25 = 18

Lisa:

43 − 25
43 − 5 = 38
38 − 20 = 18
43 − 25 = 18

Ben:

1				5					10
11				15			18		20
21	– 5	23		25					30
31		– 20		35					40
41		43		45					50
51				55					60
61				65					70
71				75					80
81				85					90
91				95					100

6 Rechne. Was stellst du fest?

a) 86 − 27, 86 − 37, 86 − ___, ___ − ___

b) 77 − 49, 66 − 39, ___ − 29, ___ − ___

c) 42 − 24, 53 − 35, 64 − ___, ___ − ___

d) 74 − 55, 65 − 46, 56 − ___, ___ − ___

1

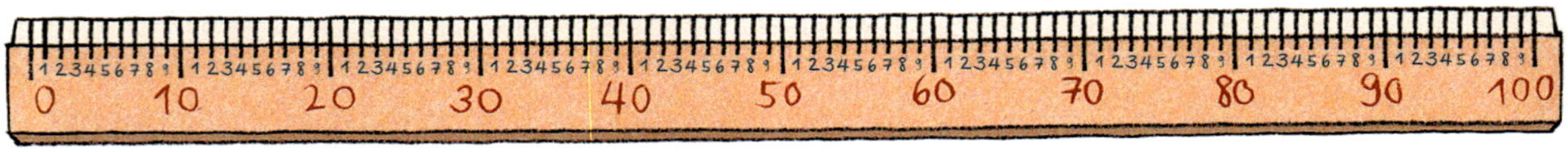

a) 93 m − 26 m
44 m − 15 m
74 m − 28 m
87 m − 29 m
36 m − 18 m

b) 75 m − 28 m
66 m − 37 m
48 m − 29 m
23 m − 18 m
54 m − 27 m

c) 91 m − 36 m
56 m − 27 m
63 m − 24 m
71 m − 35 m
83 m − 19 m

d) 36 m − ☐ = 18 m
54 m − ☐ = 28 m
66 m − ☐ = 44 m
100 m − ☐ = 14 m
28 m − ☐ = 9 m

2

−	26	65	38	43	55
93					
71					

3

−			35		
84	48				66
65		38		16	

4 Immer 3 Aufgaben haben das gleiche Ergebnis. Schreibe sie auf. Kontrolliere mit einem anderen Kind.

26 − 18 | 33 − 25 | 93 − 54 | 85 − 46 | 54 − 27 | 91 − 56

73 − 25 | 64 − 29 | 77 − 29

64 − 56 | 66 − 39 | 84 − 49 | 83 − 35 | 62 − 23 | 81 − 54

5 Setze die Reihen fort.

a) 93, 81, 69, …, 9 b) 100, 87, 74, …, 9 c) 100, 88, …
d) 99, 85, …

6

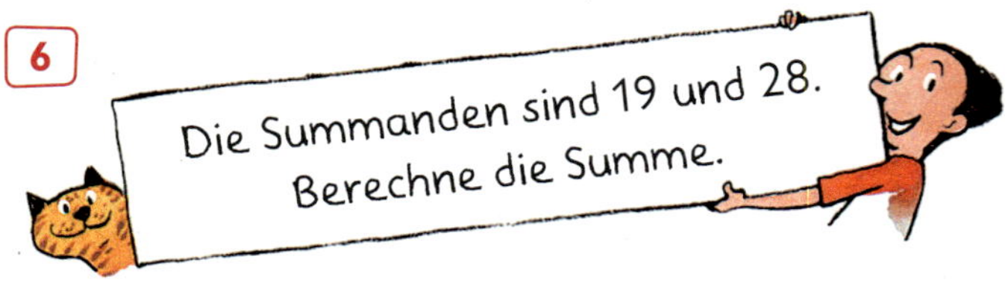

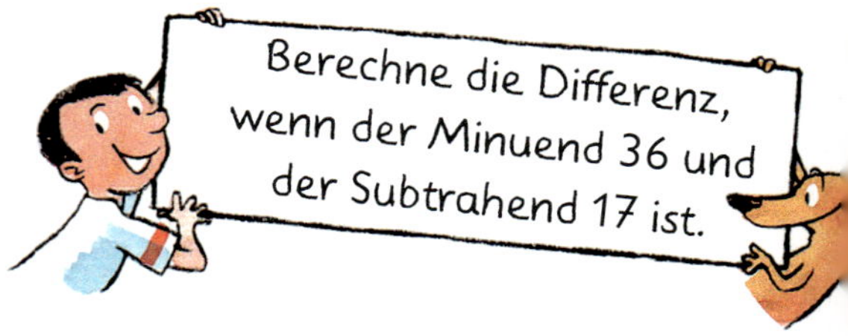

7 Im Bücherregal stehen 56 Bücher. Die Jungen der Klasse 2a leihen sich 16 Bücher aus. Die Mädchen der Klasse 2a leihen sich 22 Bücher aus.

a) Wie viele Bücher wurden insgesamt ausgeliehen?
b) Wie viele Bücher stehen nun noch im Regal?

1: Subtrahieren mit Größen 2 und 3: Subtrahieren in Tabellen
4: Aufgaben mit gleichem Ergebnis finden
5: Reihen weiterführen 6 und 7: Inhalt erfassen; Aufgabe finden und lösen; im Satz antworten

1 Welche Aufgabenbriefe gehören in welchen Briefkasten?

25 + 53 | 49 + 29 | 26 + 52 | 29 + 14 | 81 − 38

100 − 37 | 100 − 22

Briefkästen: 78 | 43 | 57 | 63

26 + 31 | 39 + 24 | 18 + 39 | 92 − 29

2

a)	b)	c)
23 + 28 + 27	93 − 16 − 43	36 − 28 + 44
44 + 16 + 23	81 − 25 − 41	54 + 45 − 93
28 + 43 + 12	78 − 18 − 41	89 + 11 − 66

3 Setze das richtige Zeichen: < = > .

a)	b)	c)
63 − 29 ◯ 34	33 ◯ 99 − 66	37 + 48 ◯ 48 + 37
27 + 56 ◯ 93	58 ◯ 21 + 37	82 − 35 ◯ 92 − 45
19 + 58 ◯ 77	29 ◯ 81 − 52	63 − 27 ◯ 72 − 38

4

Schüler einer Schule

	a	b	c	Summe
1. Klassenstufe	23	21	24	
2. Klassenstufe	19		20	57
3. Klassenstufe		18	19	56
4. Klassenstufe	16	19	18	

Übertrage die Tabelle in dein Heft und ergänze sie.
Wie viele Kinder lernen in den 1. Klassen und in den 4. Klassen?
Wie viele Jungen lernen in der Schule?

5 Welche Zahlen sind es?

1: Addieren und Subtrahieren 2: Rechenvorteile erkennen und anwenden
3: Relationszeichen setzen 4: Tabelle ergänzen
5: Zahlenrätsel lösen; das nichtlösbare Rätsel erkennen und begründen

Meine Tipps:
- Lies den Text gründlich.
- Finde die passende Frage.
- Bilde eine Aufgabe zur Frage.
- Löse die Aufgabe und antworte im Satz.

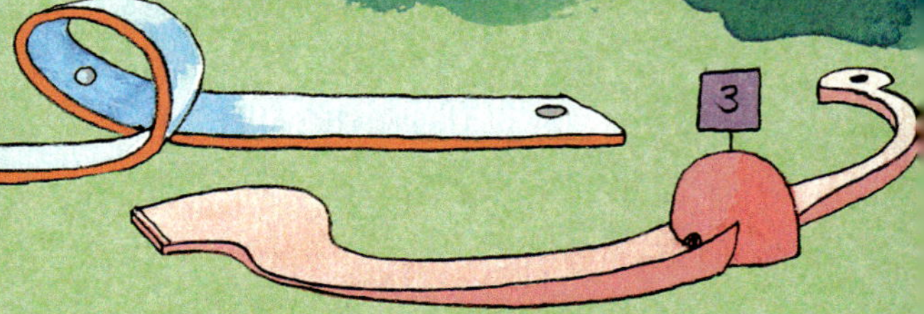

Welche Frage passt zum Text?

1 Aus der Waldschule sind 64 Kinder zum Freizeitpark gekommen. Zum Minigolf-Turnier haben sich 28 Kinder angemeldet.

a) Wie viele Mädchen wollen Minigolf spielen?
b) Wie viele Kinder wollen nicht Minigolf spielen?
c) Wie viele Jungen sind in den Freizeitpark gekommen?

2 Ben, Maria und Max haben schon die Eintrittskarten für die Minigolfanlage gekauft. Max hat alle Karten mit einem 20-Euro-Schein bezahlt.

a) Wie viel kosten die Karten für drei Erwachsene?
b) Wie viel kosten zwei Karten für Kinder?
c) Wie viel Geld bekommt Max zurück?

3 Auf dem Indianerspielplatz sind 32 Kinder von der Waldschule und 39 Kinder von einer anderen Schule.

a) Sind mehr Jungen oder mehr Mädchen auf dem Spielplatz?
b) Wie viele Kinder wollen nicht zum Spielplatz?
c) Wie viele Kinder spielen insgesamt auf dem Spielplatz?

1 bis 3: Inhalt der Texte erfassen; Fragen zuordnen; Aufgaben finden und lösen; im ganzen Satz antworten

TÜ 38

Rundfahrt		
Fahrpreise	**kleine**	**große**
Erwachsene	12 €	23 €
Kinder	8 €	15 €

- Schreibe die Frage auf.
- Bilde eine Aufgabe zur Frage.
- Löse die Aufgabe und antworte im ganzen Satz.

Finde passende Fragen zum Text.

1 Lisa möchte mit ihren Eltern eine kleine Rundfahrt auf dem See machen.

2 Das Schiff ist 34 m lang. Lisa ist schon einmal mit einem Dampfer gefahren, der 29 m länger war.

3 Während der Schiffsfahrt isst Lisa mit ihren Eltern zu Mittag. Ein Essen kostet 8 Euro. Jedes Getränk kostet 2 Euro.

4 Herr Lange muss für das Essen und die Getränke seiner Familie 44 Euro bezahlen. Er bezahlt mit drei 20-Euro-Scheinen.

5 Welcher Text passt zu der Aufgabe: 23 € + 23 € + 15 €?

a) Anna und ihre Eltern möchten beim nächsten Besuch des Freizeitparks eine große Rundfahrt machen.
b) Tom will für sich und seine drei Freunde Karten für die große Rundfahrt kaufen.
c) Herr Schmidt hat für sich, seine Frau und seine beiden Töchter Karten für die große Rundfahrt gekauft.

1 bis 4: Zu den Texten Fragen formulieren und aufschreiben; passende Aufgabe finden und lösen; im Satz antworten
5: Einen Text der Aufgabe zuordnen; passende Frage finden und aufschreiben; Aufgabe lösen; im Satz antworten

1 Blütenblätter – Aufgaben

Finde immer 3 Blütenblätter, deren Zahlen als Summe die Zahl in der Mitte der Blume ergibt.
Schreibe die Aufgaben auf. Vergleiche mit deinem Lernpartner.
Was hat er anders? Sprecht darüber.

__ + __ + __ = ____   __ + __ + __ = ____   __ + __ + __ = ____

2 Die Worte **„fünf“** und **„acht“**

a) Zähle laut von 1 bis 100. Dein Lernpartner zählt, wie oft du das Wort „fünf“ sprichst. Überprüft gemeinsam das Ergebnis an der Hundertertafel.

b) Wie oft wird das Wort „acht“ beim Zählen von 1 bis 100 gesprochen? Was stellt ihr fest? Begründet.

1	2	3	4	**5**	6	7	**8**	9	10
11	12	13	14	15	16	17	18	19	20
21	22	23	24	25	26	27	28	29	30
31	32	33	34	35	36	37	38	39	40
41	42	43	44	45	46	47	48	49	50
51	52	53	54	55	56	57	58	59	60
61	62	63	64	65	66	67	68	69	70
71	72	73	74	75	76	77	78	79	80
81	82	83	84	85	86	87	88	89	90
91	92	93	94	95	96	97	98	99	100

3 Zahlenfolgen

a) Finde zu jeder Zahlenfolge weitere 5 Zahlen.

2, 3, 5, 8, 12, 17, __, __, __, __, __

15, 20, 17, 22, 19, 24, __, __, __, __, __

b) Erkläre deinem Lernpartner die Regel der Zahlenfolge.

c) Erfinde selbst eine Zahlenfolge. Erkläre deinem Lernpartner die Regel deiner Folge.

1 Geldbeträge

a) Vati kauft für Ben ein Sporthemd für 17 Euro. Er bezahlt mit zwei Scheinen und drei Münzen. Mit welchen Scheinen und Münzen hat er bezahlt? Probiert durch Legen mit Rechengeld.

b) Nenne einen Geldbetrag. Dein Lernpartner legt den Betrag mit möglichst wenig Scheinen und Münzen.

c) Wie viel Geld hat Tom?
Wie viel Geld hat Lisa?

2 Längen bestimmen

Skizze:

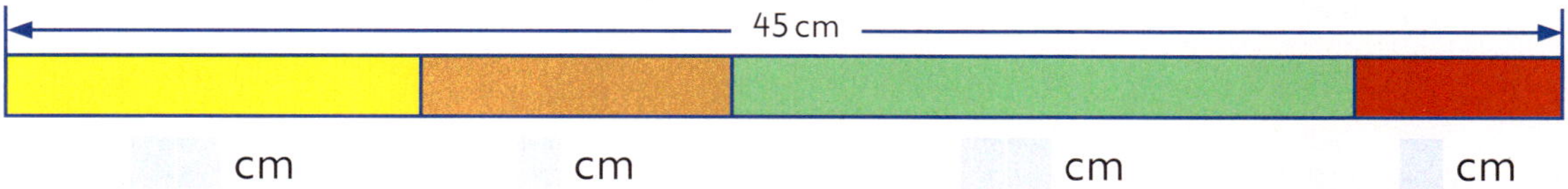

Der gelbe Stab ist 12 cm lang.
Der rote Stab ist halb so lang wie der gelbe Stab.
Der braune Stab ist 3 cm länger als der rote Stab.
Zusammen sind die Stäbe 45 cm lang.

Wie lang ist jeder Stab?

3 Zauberei in der Schatztruhe

Wenn der Zauberer bei Vollmond eine Goldmünze in die Schatztruhe legt, dann verdoppeln sich die Goldmünzen jeden Tag.

a) Wie viele Goldmünzen liegen nach 5 Tagen in der Truhe?

b) Nach 10 Tagen ist die Truhe voll. Nach wie vielen Tagen war sie halb voll?

Kann ich das schon?

1 Berechne die Summen und Differenzen.

a) 36 + 49
77 + 23
39 + 47
26 + 55
42 + 39

b) 74 − 37
81 − 38
93 − 56
44 − 19
57 − 28

c)

+ 7 →	
64	
59	
	81
	92
36	

d)

− 6 →	
95	
83	
	39
	47
	54

25	29	37	37	43
81	81	85	86	100
43	45	53	60	66
71	74	77	85	89

2 Schreibe die Aufgaben in dein Heft. Ordne die Begriffe zu.

Addition

23 + 48 = 71

Subtraktion

85 − 47 = 38

Subtrahend | Minuend | Summand | Summand | Differenz | Summe

3

Addiere 27 und 56.
Wie heißt die Summe?

Wenn du von einer Zahl 37 subtrahierst, erhältst du 26.
Wie heißt die Zahl?

4

+	45	19			27
36			73		
29				77	

−	36	48			64
93			55		
72				35	

5 Setze ein: < = >.

36 + 48 ◯ 83
93 − 28 ◯ 65
68 − 39 ◯ 29
77 − 25 ◯ 100
81 − 57 ◯ 24

6

Zahlenmauer 1 (von oben nach unten):

17	12	8	21

Zahlenmauer 2 (von oben nach unten):

100			
65			
	16		
	8		

7 Bilde Aufgabenfamilien.

a) 49 23 72

b) 48 36 ?

c) 46 87 ?

d) ? 53 ?

8
23 cm + 38 cm
44 cm − 27 cm
55 m + 19 m
93 m − 37 m
81 m − 54 m

9
38 € + 54 €
76 € + 24 €
78 € − 39 €
95 € − 76 €
44 € + 38 €

10 Schätze die Länge der Strecken.
Miss dann genau nach.
Schreibe die Ergebnisse
in dein Heft.

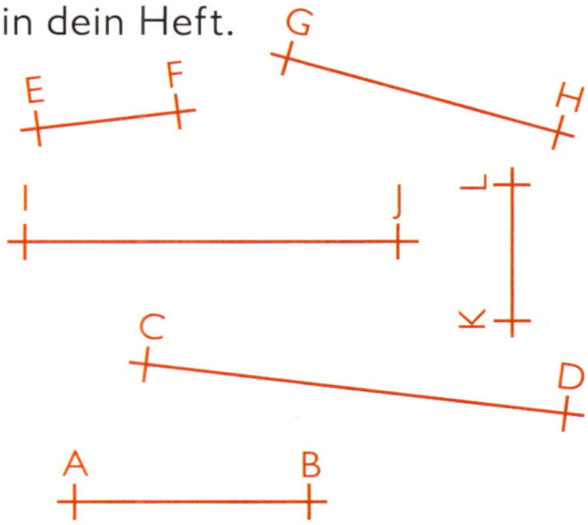

11 Rechne vorteilhaft.

a) 23 + 18 + 7
36 + 14 + 4
92 − 15 − 2
88 + 12 − 50
27 + 52 + 13

b) 35 − 30 − 5
80 − 44 + 44
76 − 32 + 24
78 + 15 − 28
49 + 37 − 29

12 a)

Bilde Aufgaben, deren Summe größer als 50 ist.

b)

Bilde Aufgaben, deren Differenz kleiner als 40 ist.

13 Wie viele Dreiecke, Rechtecke und Quadrate erkennst du?

a)

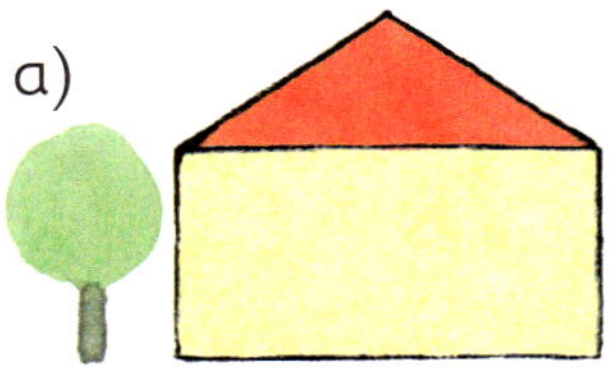

b)

c)

14 Setze die Muster fort. Male in dein Heft.

a)

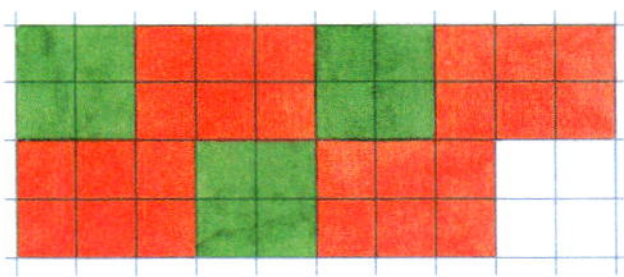

b)

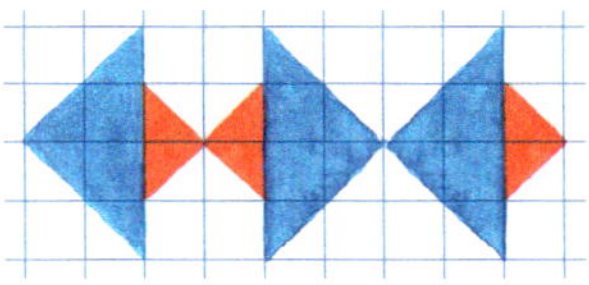

c)

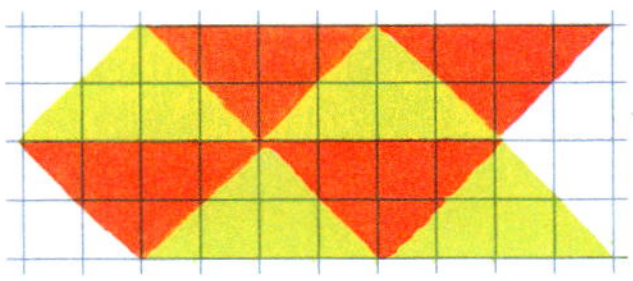

Multiplizieren

Wie viele Kinder sind in der Turnhalle?

3 + 3 + 3 + 3 = 12

Schreibe dafür kürzer: 4 · 3 = 12

Sprich so: 4 mal 3 ist gleich 12.

Es gilt: 3 + 3 + 3 + 3 = 4 · 3

Finde im Bild weitere Additionsaufgaben.
Schreibe dazu die passende Aufgabe mit · in dein Heft.

1 

4 + __ + __ = __

__ · 4 = __

2 

3 + __ = __

__ · 3 = __

3 

__ + __ + __ + __ = __

__ · __ = __

4 

__ + __ + __ = __

__ · __ = __

MERKE DIR

Multiplizieren
· (mal)

Faktor · Faktor
4 · 3 = 12
Produkt Produkt

Schreibe kürzer als Multiplikationsaufgabe und rechne.

5
8 + 8
9 + 9 + 9
6 + 6 + 6 + 6

6
2 + 2 + 2 + 2 + 2
4 + 4 + 4 + 4
5 + 5 + 5 + 5

7
3 ct + 3 ct + 3 ct
1 ct + 1 ct + 1 ct + 1 ct
6 € + 6 €

Bild inhaltlich erschließen; Multiplikation als Addition gleicher Summanden erfassen
1 bis 4: Additionsaufgaben zum Bildinhalt finden; Multiplikationsaufgaben zuordnen
5 bis 7: Für die Additionsaufgaben die zugehörigen Multiplikationsaufgaben finden und lösen

AH 40 | TÜ 39

1 Finde immer eine Aufgabe mit + und eine Aufgabe mit · .
Löse diese Aufgaben.

a)

b)

c)

d)

e)

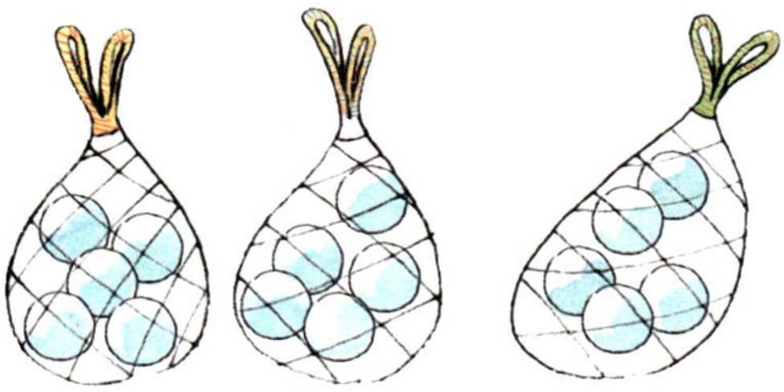

f)

2 Es gibt immer zwei Aufgaben mit + und zwei Aufgaben mit · .
Schreibe sie in dein Heft und löse sie.

$4 + 4$ oder $2 + 2 + 2 + 2$
$2 \cdot 4$ oder $4 \cdot 2$

a)

b)

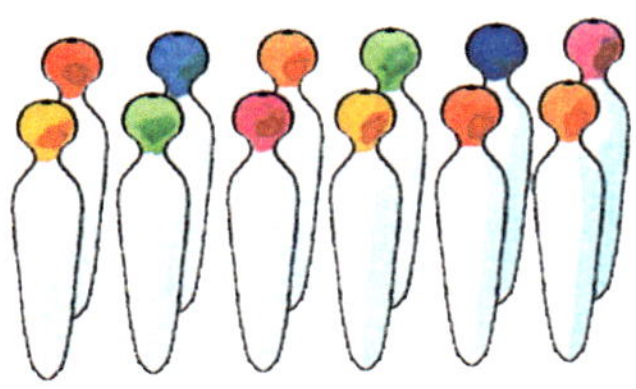

c)

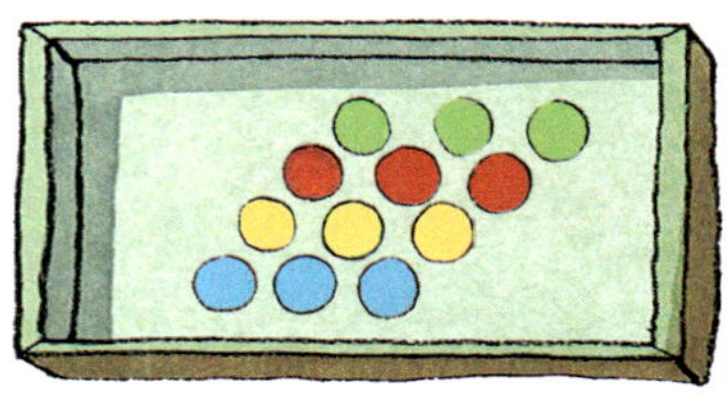

1: Additions- und Multiplikationsaufgaben den Bildern zuordnen und lösen
2: Beide Aufgaben zur Addition und Multiplikation finden und lösen

1 Lisa und Tom wollen gegen Maria, Ben und Anna Federball spielen.

Lisa hat den Spielplan gezeichnet.

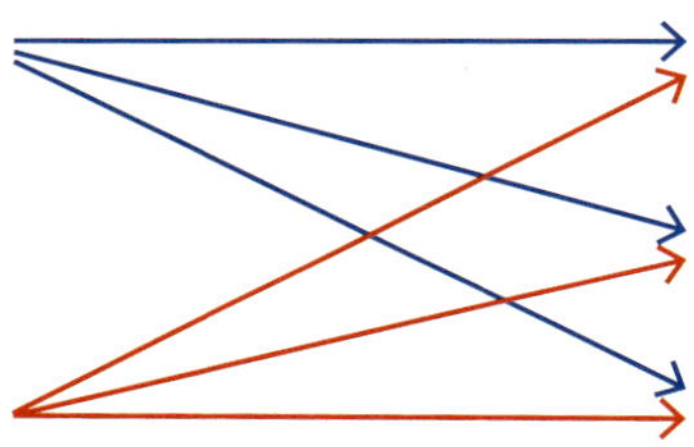

Ben hat die Spieltabelle vorbereitet.

Spiel	Spieler
1	Lisa ⟶ Maria
2	Lisa ⟶ Ben
3	Lisa ⟶
	Tom ⟶

a) Übertrage die Tabelle in dein Heft und vervollständige sie.
b) Wie viele Spiele müssen Lisa und Tom insgesamt spielen?
Schreibe die passende Aufgabe mit + und die Aufgabe mit · auf.

2 Lisa und Tom bringen je 4 Federbälle mit. Maria, Ben und Anna bringen je 3 Federbälle mit. Welche Kindergruppe hat mehr Federbälle mitgebracht?

3 Lisas Mutter hängt die Hemden und Hosen der 5 Kinder zum Trocknen auf. Wie viele Klammern braucht sie?

Bild: Multiplikation über die Paarbildung erfassen 1: Plan und Tabelle erstellen; Additions- und Multiplikationsaufgabe finden und lösen 2: Anzahl über Multiplikation (Addition) ermitteln und vergleichen 3: Anzahl über Multiplikation oder auch Addition ermitteln

AH 41 | TÜ 40–41

Meister Fix rechnet:
$3 + 3 + 3 + 3 + 3 + 3 = 18$
$6 \cdot 3 = 18$ → $6 \cdot 3 = 3 \cdot 6$ ← $3 \cdot 6 = 18$

Meister Schnelle rechnet:
$6 + 6 + 6 = 18$

MERKE DIR
Faktoren kannst du vertauschen, das Produkt ändert sich nicht.

1 Schreibe die Aufgabe mit · und die dazugehörige Tauschaufgabe auf.

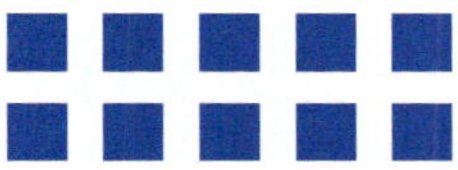
$2 \cdot 5 = 10$
$5 \cdot 2 = 10$

a) 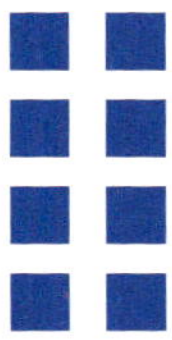
b) 
c) 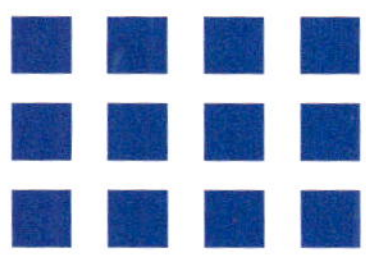
d) 

2 Finde die richtige Aufgabe mit · .

$4 \cdot 3 = 12$

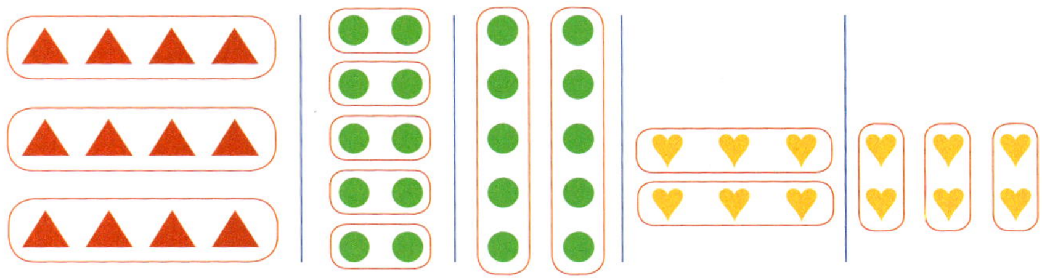

3 Zeichne Punktbilder zu den Aufgaben.

$3 \cdot 4 = 12$

a) $4 \cdot 5 =$
$3 \cdot 5 =$
$1 \cdot 9 =$

b) $8 \cdot 2 =$
$6 \cdot 3 =$
$10 \cdot 3 =$

c) $7 \cdot 4 =$
$8 \cdot 4 =$
$5 \cdot 2 =$

Bild: Multiplikation über Flächenauslegen erfassen
1 und 2: Multiplikationsaufgaben zuordnen
3: Punktbilder zuordnen

Multiplizieren mit 2

1

2 + 2 + 2 = 6
3 · 2 = 6

2 + 2 + 2 + 2 = ☐
☐ · 2 = ☐

2 Zweiersprünge am Zahlenstrahl

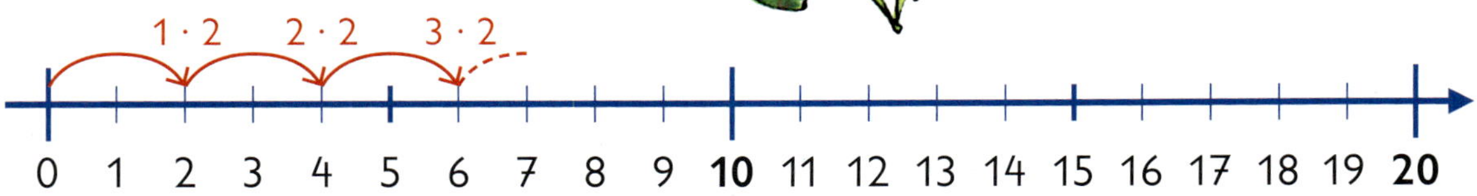

Wie viele Zweiersprünge sind es bis zur 8, 10, 14, 16, 20?

3 Kernaufgaben

1 · 2 = 2 2 · 2 = 4 5 · 2 = 10 10 · 2 = 20

Tom, Anna und Ben finden beim Rechnen mit Kernaufgaben neue Aufgaben:

Tom verdoppelt:

2 · 2 = 4
4 · 2 = ☐
8 · 2 = ☐

Anna addiert:

1 · 2 = 2
2 · 2 = **4**
3 · 2 = ☐

5 · 2 = 10
1 · 2 = **2**
6 · 2 = ☐

5 · 2 = 10
2 · 2 = **4**
7 · 2 = ☐

Ben subtrahiert:

10 · 2 = 20
1 · 2 = **2**
9 · 2 = ☐

---

5 + 5
3 + 3 + 3 + 3
10 + 10 + 10

16 = 4 + ☐ + ☐ + ☐
30 = 10 + ☐ + ☐
10 = 5 + ☐

6 + 6 = ☐ · 6
8 + 8 + 8 + 8 = ☐ · 8
2 + 2 + 2 = ☐ · 2

1: Addieren und Multiplizieren 2: In Zweiersprüngen zählen
3: Kernaufgaben in ihrer Bedeutung für das Finden weiterer Aufgaben verstehen

1 Multipliziere. Nutze die Kernaufgaben.

a) 7 · 2
9 · 2
1 · 2

b) 6 · 2
2 · 2
5 · 2

c) 6 = ☐ · 3
8 = ☐ · 4
2 = ☐ · 2

d) 14 = ☐ · 2
10 = ☐ · 2
20 = ☐ · 2

e) 18 = ☐ · 2
12 = ☐ · 2
4 = ☐ · 2

2 Malfolge der 2

Lerne die Malfolge auswendig.

0 · 2 = 0	
1 · 2 = 2	+ 2
2 · 2 = 4	+ 2
3 · 2 = 6	+ 2
4 · 2 = 8	+ 2
5 · 2 = 10	
6 · 2 = 12	
7 · 2 = 14	
8 · 2 = 16	
9 · 2 = 18	
10 · 2 = 20	

3 a) 4 · 2
5 · 2
6 · 2

b) 3 · 2
9 · 2
1 · 2

c) 8 · 2
0 · 2
10 · 2

4 a) 7 —·2→ ☐
9 —·2→ ☐

b) 3 —·2→ ☐
5 —·2→ ☐

5 ☐ —·2→ 16 ☐ —·2→ 10 ☐ —·2→ 20 ☐ —·2→ 8 ☐ —·2→ 12

6 Im Schuhschrank stehen 6 Paar Schuhe. Wie viele Schuhe sind das?

7 An 8 Fahrrädern werden die Reifen erneuert.
Wie viele Reifen werden ausgetauscht?

8 Ein Traktor hat vorn zwei kleine Räder und hinten zwei große Räder.
An 4 Traktoren werden die kleinen Räder ausgetauscht.
Wie viele kleine Räder werden für den Austausch benötigt?
Wie viele Räder werden benötigt, wenn an allen Traktoren die großen und die kleinen Räder ausgetauscht werden?

1: Multiplizieren – Kernaufgaben nutzen 2: Malfolge lernen 3 und 4: Produkte berechnen
5: Faktoren ermitteln 6 bis 8: Inhalt erfassen; Aufgaben bilden und lösen; im ganzen Satz antworten

Multiplizieren mit 10

1

10 + 10 + 10 = ☐
☐ · 10 = ☐

10 + 10 + 10 + 10 + 10 = ☐
☐ · 10 = ☐

2

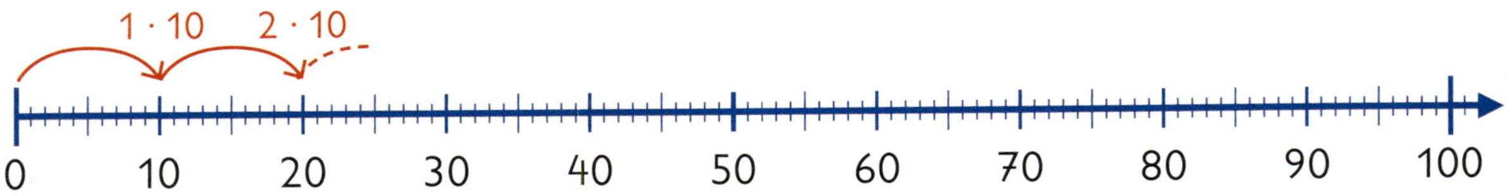

MERKE DIR

Die Kernaufgaben der Malfolge mit 10:

1 · 10 = 10
2 · 10 = 20
5 · 10 = 50
10 · 10 = 100

3 Bilde neue Aufgaben mit Hilfe der Kernaufgaben.

a) Verdopple:
2 · 10 = 20
4 · 10 = ☐
8 · 10 = ☐

b) Subtrahiere:
10 · 10 = 100
1 · 10 = 10
9 · 10 = ☐

c) Addiere:
1 · 10 = 10
2 · 10 = 20
3 · 10 = ☐

5 · 10 = 50
1 · 10 = 10
6 · 10 = ☐

5 · 10 = 50
2 · 10 = 20
7 · 10 = ☐

4 Malfolge der 10

Lerne die Malfolge auswendig.

0 · 10 = 0
1 · 10 = 10
2 · 10 = 20
3 · 10 = 30
4 · 10 = 40
5 · 10 = 50
6 · 10 = 60
7 · 10 = 70
8 · 10 = 80
9 · 10 = 90
10 · 10 = 100

+ 10
+ 10
+ 10
+ 10

5

4 · 10　　9 · 10
7 · 10　　0 · 10
3 · 10　　2 · 10

6

80 = ☐ · 10
30 = ☐ · 10
50 = ☐ · 10

40 = ☐ · 10
10 = ☐ · 10
70 = ☐ · 10

1: Multiplikation als verkürzte Addition erfassen　2: In Zehnersprüngen zählen
3: Mit Kernaufgaben rechnen　4: Malfolge lernen
5: Multiplizieren　6: Faktor ermitteln

1 5 + ___ + ___ + ___ + ___ + ___ + ___ + ___ + ___ + ___ = ___

10 · ___ = ___

2

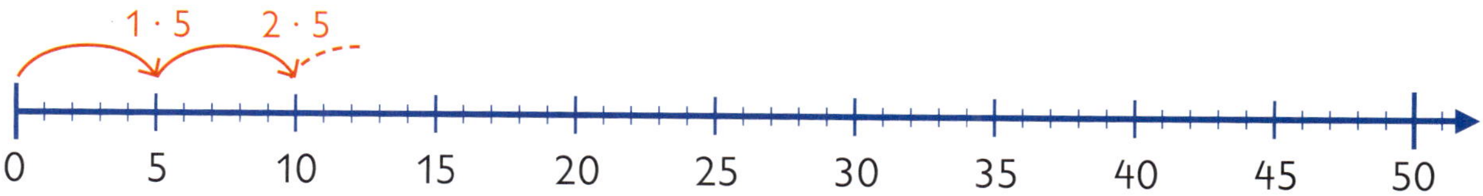

MERKE DIR

Die Kernaufgaben der Malfolge mit 5:

1 · 5 = 5
2 · 5 = 10
5 · 5 = 25
10 · 5 = 50

3 Bilde neue Aufgaben mit Hilfe der Kernaufgaben.

a) Verdopple:

2 · 5 = 10
4 · 5 = ___
8 · 5 = ___

b) Subtrahiere:

10 · 5 = 50
1 · 5 = 5
9 · 5 = ___

c) Addiere:

1 · 5 = 5
2 · 5 = 10
3 · 5 = ___

5 · 5 = 25
1 · 5 = 5
6 · 5 = ___

5 · 5 = 25
2 · 5 = 10
7 · 5 = ___

4 Malfolge der 5

Lerne die Malfolge auswendig.

0 · 5 = 0
1 · 5 = 5 (+ 5)
2 · 5 = 10 (+ 5)
3 · 5 = 15 (+ 5)
4 · 5 = 20 (+ 5)
5 · 5 = 25
6 · 5 = 30
7 · 5 = 35
8 · 5 = 40
9 · 5 = 45
10 · 5 = 50

5

6 —·5→ ___
9 —·5→ ___
___ —·5→ 35
___ —·5→ 25
___ —·5→ 40

6

7 · 5   4 · 5
5 · 7   5 · 4

3 · 5   8 · 5
5 · 3   5 · 8

9 · 5   10 · 5
5 · 9   5 · 10

1: Additions- und Multiplikationsaufgabe finden und lösen 2: Anzahl der Sprünge nennen
3: Mit Kernaufgaben rechnen 4: Malfolge der 5 auswendig lernen
5: Aufgabe und Tauschaufgabe lösen 6: Rechenbefehle ausführen

Dividieren

Wie viele Boote werden benötigt?

Schreibe und rechne so: 8 : 2 = 4 **Sprich so:** 8 geteilt durch 2 ist gleich 4.

MERKE DIR

Dividieren
: (geteilt durch)

Dividend Divisor
8 : 2 = 4
Quotient Quotient

1 In einem Ruderboot haben 4 Kinder Platz.
Wie viele Boote benötigen 12 Kinder? Rechne. ☐ : ☐ = ☐

2 Wie viele Bootskarten kann man für 20 Euro kaufen?

a) für Kinder b) für Erwachsene

3 Nach dem Wasserwandern holen sich die Kinder etwas zu essen und zu trinken. Verteile gleichmäßig.

a) 10 Äpfel an 5 Kinder b) 12 Knusperstangen an 4 Kinder
c) 18 Brötchen an 6 Kinder d) 14 Flaschen Saft an 7 Kinder

4 In jedem Dreier-Paddelboot müssen 3 Schwimmwesten sein.
Für wie viele Boote reichen 21 Schwimmwesten?

 1 bis 4: Divisionsaufgabe finden und lösen; im Satz antworten

Wie viele Sträuße mit jeweils 3 Rosen kann die Verkäuferin binden?

Schreibe und rechne so: 30 : 3 = **Sprich so:** 30 geteilt durch 3 ist gleich .

1 Wie viele Sträuße kann die Verkäuferin jeweils binden?
a) 15 Rosen zu Sträußen mit je 3 Rosen
b) 30 Tulpen zu Sträußen mit je 10 Tulpen
c) 15 Nelken zu Sträußen mit je 5 Nelken

2 Teile so auf, dass immer 4 Blumen in einen Blumenkasten kommen.
Wie viele Blumenkästen benötigst du?
Schreibe die Aufgaben mit : auf und rechne.

a) 

b) 

c) 

Rechne so: 8 : 4 =

3 Ein Papierstreifen ist 20 cm lang. Teile den Streifen:
a) in 10 cm lange Stücke b) in 4 cm lange Stücke
c) in 5 cm lange Stücke d) in 2 cm lange Stücke.

Zeichne einen solchen Streifen.
Trage die Teilungen ein. Wie viele Teile entstehen jeweils?

1 bis 3: Inhalt der Aufgaben erfassen; Divisionsaufgabe bilden und lösen

Dividieren – Umkehraufgaben

1 Lisa bringt die Lesebücher in die Schulbücherei.
Sie trägt jedes Mal 4 Bücher.
Wie oft muss sie gehen?

Rechne und begründe so:
20 : 4 = ☐, denn ☐ · 4 = 20

2 Rechne und begründe.

10 : 2 = 5, denn 5 · 2 = 10

a)	b)	c)	d)
8 : 2	15 : 5	14 : 2	20 : 10
16 : 2	35 : 5	18 : 2	80 : 10
20 : 2	20 : 5	12 : 2	50 : 10

3 Beispiel: 2 → · 4 → 8, 8 → : 4 → 2

a) 3 → · 5 → ☐, ☐ → : 5 → 3

b) 6 → · 10 → ☐, ☐ → : 10 → 6

c) 7 → · 3 → ☐, ☐ → : 3 → 7

4 Schreibe zu jedem Punktbild 2 Aufgaben mit · und 2 Aufgaben mit : .

2 · 3 = 6
3 · 2 = 6
6 : 3 = 2
6 : 2 = 3

a) 

b) 

c) 

d) 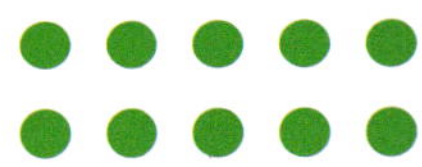

e) 

f) 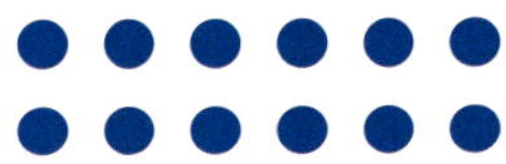

g) 

5 Bilde Aufgabenfamilien.

5 2 10

5 · 2 = 10 10 : 2 = 5
2 · 5 = 10 10 : 5 = 2

a) 7 2 14

b) 6 5 30

c) 9 2 18

d) 8 5 40

WIEDERHOLE

1. Berechne die Quotienten. 18 : 3, 20 : 5, 16 : 2, 9 : 3, 7 : 1, 9 : 9
2. Berechne die Produkte. 3 · 5, 7 · 2, 4 · 10, 1 · 8, 2 · 4, 8 · 2

1 bis 3: Division als Umkehrung der Multiplikation erfassen; Lösung begründen
4: Multiplikations- und Divisionsaufgaben zuordnen und lösen
5: Aufgabenfamilien finden

AH 45 | TÜ 44

1 Verteile die Arbeitsmittel gerecht an Maria und Ben.
Was erhält jedes Kind?

2 Lege mit Plättchen.
Rechne und begründe das Ergebnis mit der Umkehraufgabe.

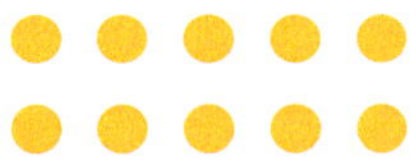

$10 : 2 = 5$, denn $5 \cdot 2 = 10$

a)	b)	c)
6 : 2	12 : 2	20 : 2
10 : 2	16 : 2	4 : 2
14 : 2	18 : 2	2 : 2

3 Löse die Aufgaben. Erzähle Rechengeschichten zu den Aufgaben.

a) 10 : 2 b) 18 : 2 c) 14 : 2 d) 16 : 2 e) 12 : 2

4 Setze das richtige Zeichen < = > .

a) 18 : 9 ◯ 9 b) 10 : 2 ◯ 4 c) 2 : 2 ◯ 1 d) 8 : 2 ◯ 4

5 a) Auf der Wäscheleine hängen 16 Socken. Wie viele Paare sind es?
b) Ergänze die Tabelle in deinem Heft.

Socken	8	12		4		
Paare			3		7	10

6 Dem Radsportverein wurden 16 neue Reifen gespendet.
Wie viele Fahrräder können nun neue Reifen bekommen?

1: Arbeitsmittel gerecht verteilen 2: Aufgabe legen und lösen; Umkehraufgabe finden und lösen
3: Dividieren; zur Gleichung eine Geschichte erzählen 4: Dividieren und Relationszeichen setzen
5 und 6: Inhalt erfassen; Aufgabe finden und lösen; Tabelle ergänzen

Verdoppeln

1 Nina und Tina sind Zwillinge. Sie brauchen alle Arbeitsmittel doppelt.

	Scheren	Bleistifte	Füller	Buntstifte	Tintenpatronen	Hefte	Bücher
ein Kind	1	5	2	10	7	4	3
zwei Kinder	1 + 1 = 2 oder 2 · 1 = 2	5 + 5 = ▢ oder 2 · 5 = ▢	▢ + ▢ = ▢ oder ▢ · ▢ = ▢	▢ + ▢ = ▢ oder 2 · ▢ = ▢	▢ + ▢ = ▢ oder 2 · ▢ = ▢	▢ + ▢ = ▢ oder 2 · ▢ = ▢	▢ + ▢ = ▢ oder ▢ · ▢ = ▢

So erhältst du das Doppelte einer Zahl:

Du addierst die gleiche Zahl.	oder	Du multiplizierst die Zahl mit 2.
Beispiel: 3 + 3 = 6	oder	Beispiel: 2 · 3 = 6
40 + 40 = 80	oder	2 · 40 = 80

2 Verdopple.

a) Die Zahlen: 2, 3, 4, 5, 6, 7, 8, 9, 10, 30, 50

b) Die Geldbeträge: 2 €, 6 €, 20 €, 30 ct, 40 ct, 10 ct

c) Die Streckenlängen: 5 m, 9 m, 50 m, 4 cm, 6 cm, 70 cm, 7 mm, 3 mm, 20 mm

3 Nina hat zu ihrem Geburtstag 5 Kinder eingeladen. Tom will zu seinem Geburtstag doppelt so viele Kinder einladen. Wie viele Einladungskarten muss er schreiben?

4 Wenn du mit dem Locher ein Blatt Papier lochst, bekommst du 2 Löcher. Wie viele Löcher bekommst du, wenn du das Blatt vor dem Lochen 4-mal faltest? Rechne erst. Probiere es dann aus.

1 und 2: Verdoppeln über Addition und Multiplikation erfassen und ausführen
3 und 4: Inhalt erfassen; Aufgabe finden, lösen und antworten

AH 47 | TÜ 46

Halbieren

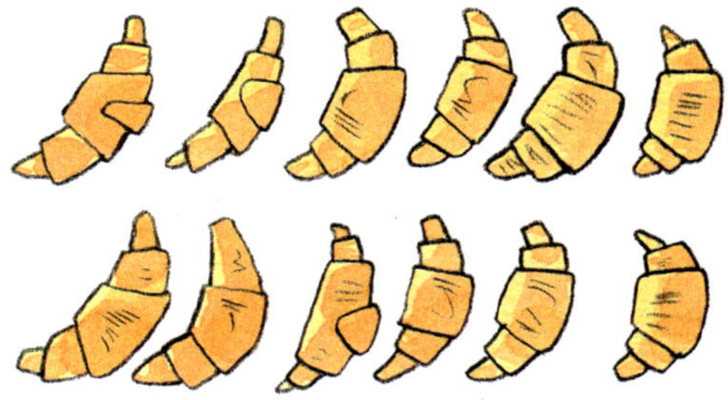

Durch 2 dividieren
ergibt die Hälfte.
12 : 2 = 6

1 Wie viel sind die Hälfte?

: 2 =

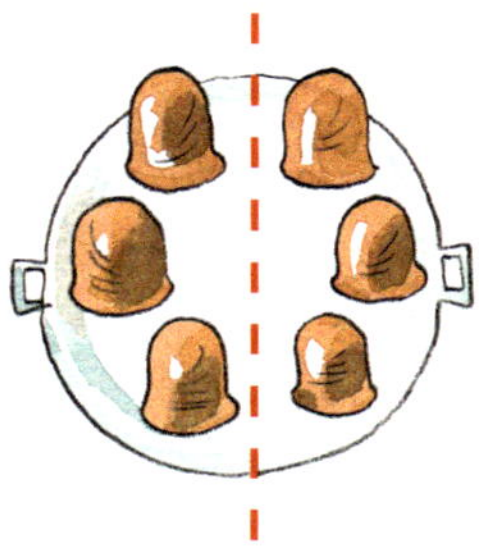

: 2 =

: 2 =

2 Berechne die Hälfte
a) der Anzahl: 4 Bälle, 16 Bonbons, 14 Sticker, 20 Brötchen
b) des Geldbetrages: 6 €, 10 €, 20 €, 18 ct, 8 ct, 12 ct
c) der Länge: 12 m, 16 m, 8 cm, 14 cm, 20 mm, 10 mm

3 Anna hat 16 Bilder von Tieren.
Ben hat nur halb so viele
Tierbilder.
Wie viele Bilder hat Ben?

4 Max hat 16 €. Für die Hälfte des
Geldes kauft er ein Würfelspiel.
Wie viel Geld hat er noch?

5 a) Berechne die Hälfte des Produktes aus 2 und 6.
b) Halbiere die Summe aus 38 und 12.

WIEDERHOLE

3 · 2	10 · 2	5 · 2	4 · 2	9 · 2	7 · 2
8 : 2	20 : 2	6 : 2	18 : 2	14 : 2	12 : 2

1: Dividend bestimmen, durch 2 dividieren 2: Die Hälfte berechnen
3 bis 5: Inhalt erfassen; Aufgabe bilden, lösen und antworten

Gerade und ungerade Zahlen

1	2	3	4	5	6	7	8	9	10
11		13	14	15		17	18	19	20
21	22	23	24		26	27	28	29	
31	32	33		35	36		38	39	40
41	42		44	45	46	47		49	50
51	52	53	54	55	56	57	58	59	
	62	63		65	66	67	68		70
71	72	73	74	75		77	78	79	80
81	82	83	84	85	86	87		89	90
91		93	94	95	96	97	98	99	100

1 a) Schreibe alle fehlenden geraden Zahlen auf.

b) Schreibe zu allen fehlenden ungeraden Zahlen den Vorgänger und den Nachfolger auf. Fertige dazu eine Tabelle an.

V	Z	N
24	25	26

2 Der Postbote hat für die Häuser mit den Nummern 53 bis 64 Post. Er trägt zuerst die Post auf der rechten Straßenseite aus. Dort sind alle Hausnummern gerade Zahlen. Welche Häuser bekommen die Post zuerst?

3 Auf welcher Straßenseite wohnen die Kinder?

4 a) Schreibe alle geraden Zahlen zwischen 12 und 24 auf.

b) Schreibe alle ungeraden Zahlen zwischen 31 und 43 auf.

5 Zähle und entscheide: gerade oder ungerade Zahl?

a) die Kinderstühle im Klassenzimmer
b) die Jungen in deiner Klasse
c) die Schülertische im Klassenzimmer
d) die Mädchen in deiner Klasse

6 Wahr (w) oder falsch (f)? Überprüfe mit selbst gewählten Zahlen. Das Ergebnis ist immer eine gerade Zahl, wenn du

a) eine gerade Zahl verdoppelst,
b) zwei ungerade Zahlen addierst,
c) zu einer ungeraden Zahl 2 addierst,
d) eine ungerade Zahl verdoppelst.

1: Gerade und ungerade Zahlen erkennen; Vorgänger und Nachfolger bestimmen 2 und 3: Gerade und ungerade Zahlen den Straßenseiten zuordnen 4: Zahlen erkennen und aufschreiben 5: Gerade oder ungerade Zahl zuordnen 6: Wahrheitsgehalt prüfen

AH 48 | **TÜ** 47

1

In jeden Karton werden 10 Pflanzen verpackt.
Wie viele Kartons werden benötigt?

Rechne und begründe so:

20 : 10 = , denn · 10 = 20 30 : 10 = , denn · 10 = 30

2 Wie viele Kartons für je 10 Pflanzen werden benötigt für
a) 50 Pflanzen b) 70 Pflanzen c) 10 Pflanzen d) 90 Pflanzen?

Rechne und überprüfe mit der Umkehraufgabe.

3 Es sind 7 Aufgaben in der Blume versteckt.
Schreibe sie auf und rechne.

4 Tom hat 40 Euro. Könnte er dafür alle 5 Sträuße kaufen?
Begründe deine Antwort.

5 Setze das richtige Zeichen: < = > .

a) 3 · 10	20	b) 90 : 10	20
7 · 10	90	50 : 10	4
2 · 10	20	80 : 10	8

6 Rechne.

a) 90 $\xrightarrow{:10}$ 9 $\xrightarrow{\cdot 10}$

b) 60 $\xrightarrow{:10}$ 6 $\xrightarrow{\cdot 10}$

1 und 2: Dividieren 3: Aufgaben finden und lösen 4: Aufgabe und Umkehraufgabe finden und lösen
5: Produkte und Quotienten berechnen; Relationszeichen setzen 6: Rechenbefehl ausführen

Dividieren durch 5

1

Rechne und begründe so:

15 : 5 = ☐, denn ☐ · 5 = 15 20 : 5 = ☐, denn ☐ · 5 = 20

2 In der Pralinenschachtel sind 7 Aufgaben versteckt. Schreibe sie auf und rechne. Überprüfe mit der Umkehraufgabe.

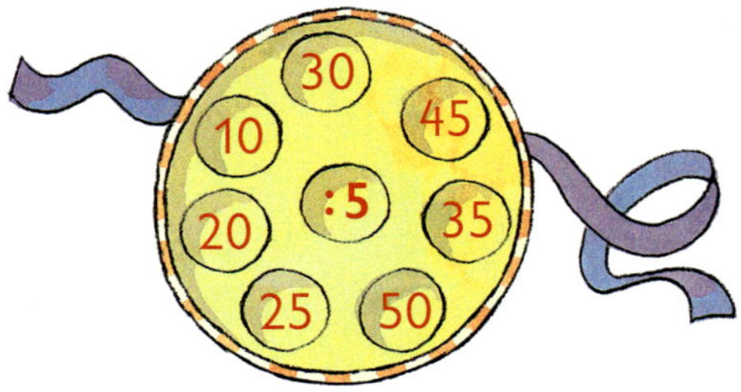

3 Wie viele Törtchen sind in jeder Schachtel? Schreibe die zugehörige Aufgabe mit · auf und löse sie. Überprüfe mit der Umkehraufgabe.

a) 

b) 

c) 

4 Ben kauft 7 Schachteln Pralinen für 35 €. Wie viel kostet eine Schachtel?

5 Lisa will 5 Baumkuchen zu je 5 € kaufen. Sie hat 30 €. Reicht das Geld?

6 Wie viele Geldstücke hat jedes Kind? Lege mit Rechengeld und rechne.

1 und 2: Dividieren und mit Umkehraufgabe überprüfen
3: Multiplikationsaufgaben finden, lösen und mit der Divisionsaufgabe begründen
4 bis 6 Inhalt erfassen; Aufgabe finden und lösen; im Satz antworten

AH 49 | TÜ 48

1

3 · 2 =   3 · 1 =   3 · 0 =

2 Zeichne und rechne so:

2 · 2 =

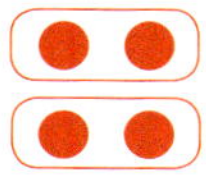

2 · 1 =

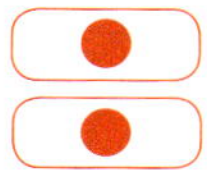

2 · 0 =

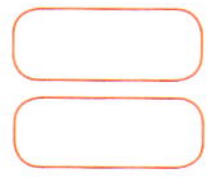

a) 4 · 2   4 · 1   4 · 0
b) 5 · 2   5 · 1   5 · 0
c) 6 · 2   6 · 1   6 · 0
d) 10 · 2   10 · 1   10 · 0

Faktoren darfst du vertauschen.
Es gilt: 6 · 1 = 1 · 6.

3 Zeichne und rechne. Was fällt dir auf?

1 · 2 =   und 2 · 1 =

a) 5 · 1 =   und 1 · 5 =
b) 3 · 1 =   und 1 · 3 =
c) 10 · 1 =   und 1 · 10 =
d) 7 · 1 =   und 1 · 7 =

Aufgepasst beim Dividieren!

4 Rechne und begründe mit der Umkehraufgabe.

8 : 2 =   , denn   · 2 = 8
8 : 1 =   , denn   · 1 = 8

Für 8 : 0 gibt es kein Ergebnis.
Aber: 0 : 8 = 0, denn 0 · 8 = 0.

5 Rechne. Was fällt dir auf?

1 : 1 =	10 : 1 =	0 : 1 =	0 : 9 =	1 : 1 =	6 : 6 =
4 : 1 =	7 : 1 =	0 : 5 =	0 : 10 =	3 : 3 =	10 : 10 =

WIEDERHOLE

1. Rechne und begründe mit der Umkehraufgabe. 14 : 2, 15 : 5, 18 : 2
2. Berechne die Produkte. 7 · 5, 2 · 10, 5 · 6, 10 · 5, 7 · 2, 3 · 3

1 bis 3: Multiplikation mit 1 und 0 erfassen
4 und 5: Besonderheiten bei der Division mit 1 und 0 erkennen

Multiplizieren und Dividieren

1 Berechne die Produkte.

a) 8 · 2
9 · 5
6 · 10
4 · 2
3 · 10

b) 10 · 5
7 · 2
6 · 5
1 · 10
9 · 2

3 5 6 7
8 8 8 9
10 10 10
10 14 16
18 30 30
45 50 60

2 Berechne die Quotienten.

a) 16 : 2
25 : 5
80 : 10
45 : 5
12 : 2

b) 100 : 10
35 : 5
20 : 2
50 : 5
30 : 10

3
a) __ · 2 = 14
__ · 2 = 18
__ · 2 = 20
__ · 2 = 10
__ · 2 = 0

b) __ · 10 = 40
__ · 10 = 10
__ · 10 = 80
__ · 10 = 0
__ · 10 = 50

c) __ · 5 = 25
__ · 5 = 5
__ · 5 = 30
__ · 5 = 45
__ · 5 = 10

4
__ : 5 = 6
__ : 5 = 8
__ : 2 = 10
__ : 2 = 4
__ : 2 = 1

5 Bestimme die Faktoren.

a) 18 = __ · 2
20 = __ · 5
40 = __ · 5
60 = __ · 10
90 = __ · 10

b) 25 = __ · 5
45 = __ · 5
8 = __ · 2
14 = __ · 2
70 = __ · 10

6 Bestimme die Dividenden.

a) 4 = __ : 5
8 = __ : 5
9 = __ : 2
8 = __ : 2
5 = __ : 10

b) 6 = __ : 2
10 = __ : 2
1 = __ : 10
1 = __ : 5
2 = __ : 5

7

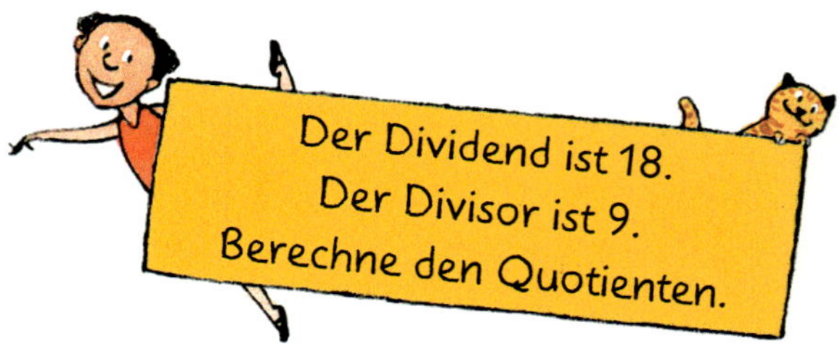

8 Zeichne die Tabelle in dein Heft.
Berechne die Produkte.

·	5	2	10
7			
1			
5			
0			
6			

9 a) Welche Zahlen von 15 bis 45 kannst du durch 5 teilen? Schreibe die Zahlen auf.
b) Welche Zahlen von 40 bis 100 kannst du durch 10 teilen? Schreibe die Zahlen auf.

10 Verdopple.
a) 8, 10, 6, 9, 4
b) 3 €, 7 €, 3 ct, 10 ct, 5 ct

1 und 2: Produkte/Quotienten berechnen 3 bis 6: Faktor/Dividend berechnen
7: Begriffe verstehen; Aufgabe finden und lösen 8: Tabelle ergänzen
9: Zahlen mit dem angegebenen Teiler ermitteln 10: Zahlen/Geldbeträge verdoppeln

AH 50 | TÜ 49

1 Vervollständige die Rechenketten.

a) $18 \xrightarrow{:\ \square} 9 \xrightarrow{\cdot\ \square} 45$

b) $35 \xrightarrow{:\ \square} 7 \xrightarrow{\cdot\ \square} 70$

c) $20 \xrightarrow{:\ \square} 10 \xrightarrow{\cdot\ \square} 50$

d) $80 \xrightarrow{:\ \square} 8 \xrightarrow{\cdot\ \square} 40$

e) $50 \xrightarrow{:\ \square} 10 \xrightarrow{\cdot\ \square} 20 \xrightarrow{:\ \square} 4$

f) $4 \xrightarrow{\cdot\ \square} 40 \xrightarrow{:\ \square} 8 \xrightarrow{\cdot\ \square} 16$

2 Halbiere.

a) 60, 16, 6 b) 40 €, 12 €, 8 ct, 18 ct c) 40 m, 14 m, 4 cm, 10 cm

3 Bilde Aufgabenfamilien.

a) 3 5 15 | 35 6 5

b) 9 2 18 | 20 10 2

c) 40 4 10 | 10 60 6

d) 2 7 11 | 30 4 5

4 Max sägt eine 45 cm lange Holzleiste in 5 gleich lange Teile.
Wie lang ist jedes Teil?

5 Die Lehrerin hat für den Klassenausflug bereits 70 Euro eingesammelt.
Jedes Kind muss 10 Euro bezahlen.

a) Wie viele Kinder haben schon bezahlt?

b) Wie viele Kinder müssen noch bezahlen?

6 Das kleine Riesenrad hat 8 Gondeln.
In jeder Gondel dürfen nur 2 Kinder mitfahren.

a) Wie viele Kinder fahren mit, wenn alle Gondeln besetzt sind?

b) Wie viele Umdrehungen macht das Riesenrad, wenn nur 4 Gondeln besetzt sind?

7 Wer hat das wenigste Geld?
Anna hat 8 Geldscheine zu je 5 Euro.
Ben hat 3 Geldscheine zu je 10 Euro.
Lisa hat 10 Münzen zu je 2 Euro.

1: Rechenketten vervollständigen 2: Beim Halbieren die Einheiten mitführen 3: Aufgabenfamilien bilden; wenn es nicht möglich ist, begründen 4 bis 6: Inhalt erfassen; Aufgabe bilden und lösen; antworten; wenn keine Lösung möglich ist, begründen 7: Produkte errechnen und Geldbeträge vergleichen

Dividieren mit Rest

Die Lehrerin verteilt 14 Bälle an 4 Kinder.
a) Wie viele Bälle erhält jedes Kind?
b) Wie viele Bälle bleiben übrig?
Max fertigt eine Zeichnung an.

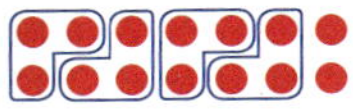

Er rechnet: 14 : 4 = 3 Rest 2
Er überprüft: 14 = 4 · 3 + 2
14 = 12 + 2

1 **Rechne und schreibe so:** 38 : 5 = 7 Rest 3

7 : 2	17 : 2	37 : 5	44 : 5	52 : 10	13 : 10	14 : 10
3 : 2	11 : 2	49 : 5	7 : 5	88 : 10	99 : 10	14 : 5
9 : 2	19 : 2	18 : 5	28 : 5	44 : 10	66 : 10	15 : 2

1R1, 1R2, 1R3, 1R4, 2R1, 2R5, 3R4, 4R1, 4R4, 5R1, 5R2, 5R2, 5R3, 6R6, 7R1, 8R1, 8R4, 8R8, 9R1, 9R4, 9R9

2 Tom teilt 19 Äpfel auf 2 Körbe auf.
Wie viele Äpfel bleiben übrig?

3 Jedes Kind verteilt 19 Murmeln.
a) Max verteilt an 2 Kinder.
b) Anna verteilt an 10 Kinder.
c) Ben verteilt an 5 Kinder.

Bei wem bleiben die meisten Kugeln übrig?

4 Lisa hat 64 Münzen zu je 1 Cent. Sie tauscht sie gegen 10-Cent-Münzen. Wie viele 10-Cent-Münzen und 1-Cent-Münzen hat sie nach dem Tausch?

5 Tom tauscht 17 2-Cent-Münzen in 5-Cent-Münzen. Wie viele 5-Cent-Münzen und 2-Cent-Münzen hat er nach dem Tausch?

WIEDERHOLE

2 · 5	7 · 5	6 · 2	9 · 2	4 · 10	8 · 10	20 : 5	16 : 2	50 : 10
5 · 5	9 · 5	8 · 2	3 · 2	7 · 10	5 · 10	45 : 5	20 : 2	10 : 10

1: Dividieren
2 bis 5: Inhalt erfassen; Aufgaben finden und lösen; im Satz antworten

Teilbarkeitsregeln für 2, 5 und 10

1	2	3	4	5	6	7	8	9	10
11	12	13	14	15	16	17	18	19	20
21	22	23	24	25	26	27	28	29	30
31	32	33	34	35	36	37	38	39	40
41	42	43	44	45	46	47	48	49	50
51	52	53	54	55	56	57	58	59	60
61	62	63	64	65	66	67	68	69	70
71	72	73	74	75	76	77	78	79	80
81	82	83	84	85	86	87	88	89	90
91	92	93	94	95	96	97	98	99	100

1 Arbeite in der Hundertertafel:

a) Umkreise alle Zahlen, die durch 10 teilbar sind, rot.

b) Umkreise alle Zahlen, die durch 5 teilbar sind, blau.

c) Umkreise alle Zahlen, die durch 2 teilbar sind, gelb.
Was stellst du fest?

2 Vervollständige die Merksätze und schreibe sie in dein Heft.

MERKE DIR

- ○ Alle Zahlen, die durch 10 teilbar sind, enden auf ▢.
- ○ Alle Zahlen, die durch 5 teilbar sind, enden auf ▢ oder ▢.
- ○ Alle Zahlen, die durch 2 teilbar sind, enden auf ▢, ▢, ▢, ▢ oder ▢.

3 Schreibe auf:

a) Welche Zahlen sind durch 2 teilbar?

7, 10, 4, 16, 8, 11, 20, 9, 2, 5

b) Welche Zahlen sind durch 5 teilbar?

35, 20, 15, 18, 42, 50, 10, 23

c) Welche Zahlen sind durch 10 teilbar?

60, 85, 10, 35, 48, 12, 100, 30

WIEDERHOLE

12 : 2	18 : 2	15 : 5	25 : 5	60 : 10
8 : 2	10 : 2	30 : 5	45 : 5	20 : 10
2 : 2	16 : 2	10 : 5	5 : 5	10 : 10
20 : 2	4 : 2	50 : 5	20 : 5	50 : 10

1: In der Hundertertafel die durch 2, 5 und 10 teilbaren Zahlen kennzeichnen; erkennen, dass eine Zahl auch durch mehrere Zahlen teilbar sein kann   2: Teilbarkeitsregeln vervollständigen
3: Teilbarkeit erkennen

1 Schreibe auf:

a) Welche Zahlen sind durch 5 und durch 10 teilbar?

5 18 25 40 10 15 30 45 50 35 44

b) Welche Zahlen sind durch 5 und durch 2 teilbar?

8 15 10 15 20 18 30 25 40 45

c) Welche Zahlen sind durch 2, 5 und 10 teilbar?

5 10 12 15 30 45 20 50 25 40

2 Schreibe auf:

a) Welche Zahlen zwischen 8 und 22 sind durch 2 teilbar?

b) Welche Zahlen zwischen 15 und 45 sind durch 5 teilbar?

c) Welche Zahlen zwischen 25 und 50 sind durch 5 und durch 10 teilbar?

3 Wahr (w) oder falsch (f)?
Begründe deine Entscheidung mit einem Zahlenbeispiel.

a) Alle geraden Zahlen sind durch 2 teilbar.

b) Alle ungeraden Zahlen sind durch 5 teilbar.

c) Alle Zahlen, die auf 5 enden, sind durch 2 teilbar.

4 Welche Zahlen sind es?

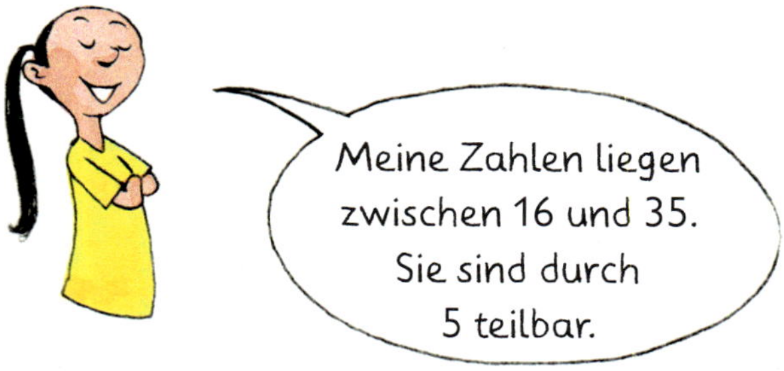

1 und 2: Teilbarkeit erkennen; Zahlen entsprechend der Teilbarkeit aufschreiben
3: Entscheidung mit einem Zahlenbeispiel begründen 4: Inhalt erfassen und Zahl benennen

AH 51 | TÜ 50

Zeichnen von Kreisen

1 Zeichne Kreise mit

der Schablone

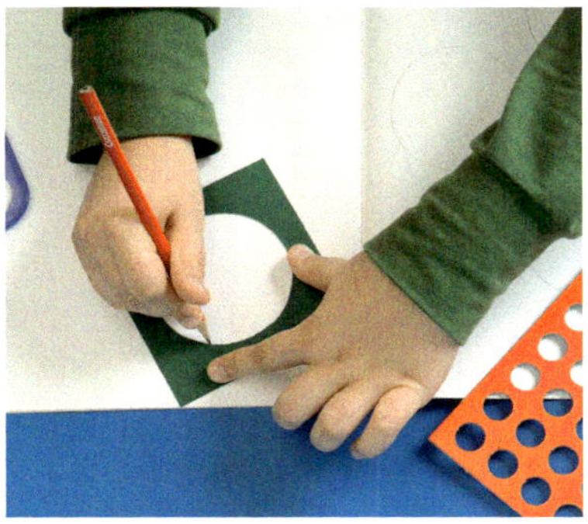

dem Faden

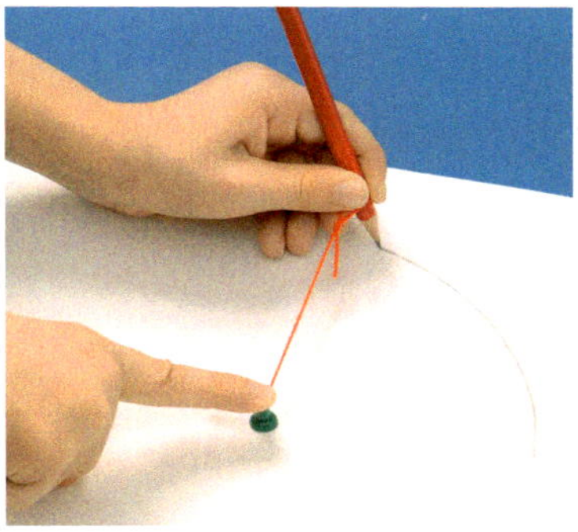

dem Zirkel

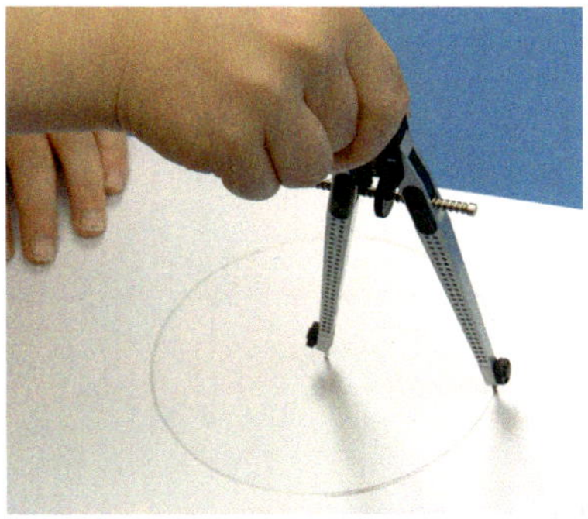

MERKE DIR

Jeder Kreis hat: einen **Mittelpunkt M**,
einen **Radius r**,
einen **Durchmesser d**.
Der **Durchmesser** ist doppelt so lang wie der **Radius**.
Der **Radius** ist halb so lang wie der **Durchmesser**.

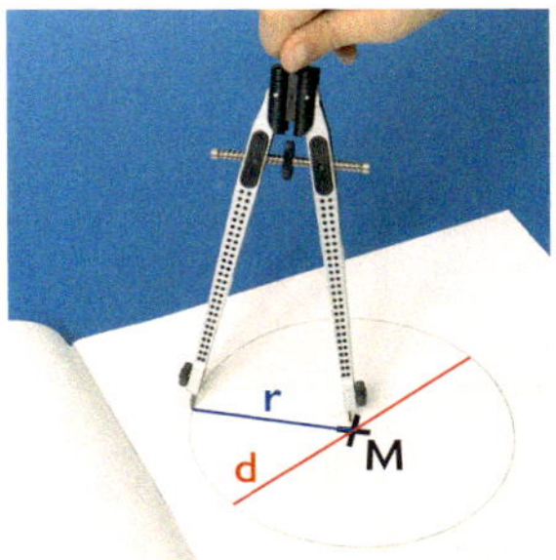

2 Zeichne Kreise mit dem Mittelpunkt M und dem Radius:

a) r = 3 cm
r = 5 cm

b) r = 6 cm
r = 4 cm

c) r = 3 cm 5 mm
r = 4 cm 8 mm

d) r = 70 mm
r = 20 mm

3 Zeichne Kreise mit dem Mittelpunkt M und dem Durchmesser:

a) d = 10 cm
d = 12 cm

b) d = 8 cm
d = 4 cm

c) d = 10 cm 4 mm
d = 8 cm 6 mm

d) d = 100 mm
d = 60 mm

4 Zeichne um den Punkt M drei Kreise:
1. Kreis: r = 4 cm,
2. Kreis: r ist doppelt so groß wie beim 1. Kreis,
3. Kreis: r ist halb so groß wie beim 1. Kreis.

5 Zeichne die Muster mit einem Zirkel.
Erfinde selbst Muster.

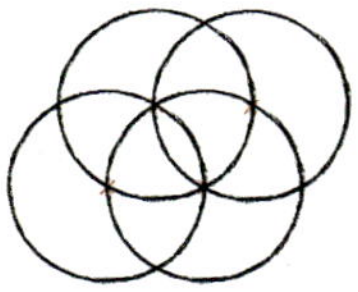

1: Kreise mit verschiedenen Hilfsmitteln zeichnen
2 bis 4: Kreise mit verschiedenen Radien und Durchmessern zeichnen
5: Muster aus Kreisen zeichnen

Symmetrische Figuren

1 Finde heraus, welche Gemeinsamkeit die Figuren haben.

2 Zeige, wie die Symmetrieachse durch die Figuren verläuft.

3 Fertige selbst symmetrische Figuren an. Zeichne die Symmetrieachse ein.
So kannst du arbeiten:

Klecksen

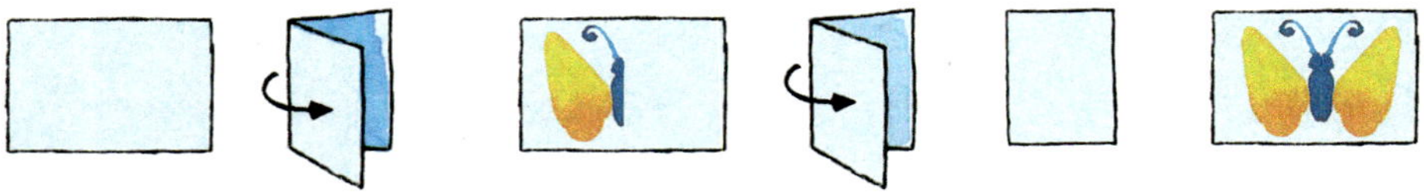

Reißen

Schneiden

Durchstechen

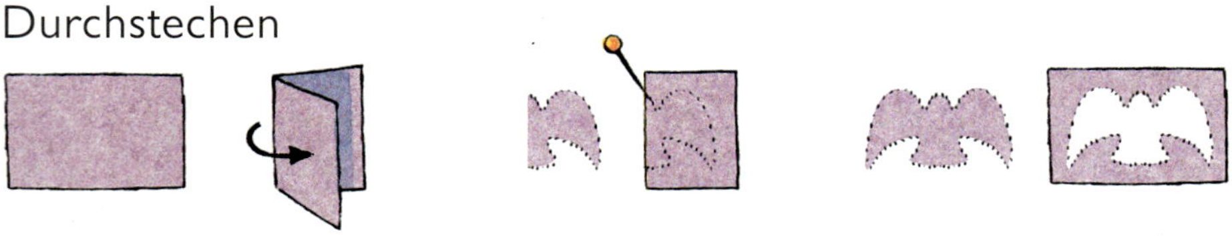

1: Symmetrie als Gemeinsamkeit erkennen
2: Verlauf der Symmetrieachse zeigen
3: Symmetrische Figuren herstellen; Symmetrieachse einzeichnen

AH 53 | TÜ 52

1 Lege die Figur.
Lege das Spiegelbild dazu.
Überprüfe mit dem Spiegel.

2 a) Lies die Wörter mit Hilfe eines Spiegels.
b) Finde selbst solche Wörter.

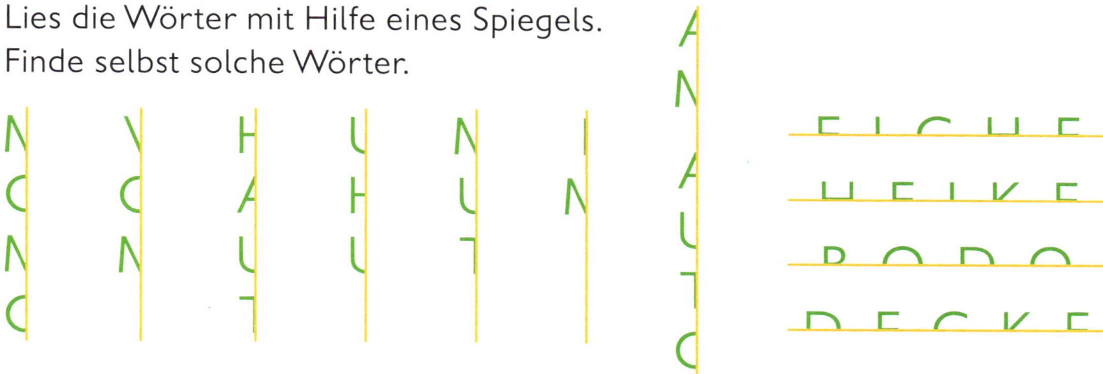

3 Übertrage die Zeichnung auf Kästchenpapier.
Zeichne das Spiegelbild dazu. Male alles aus.

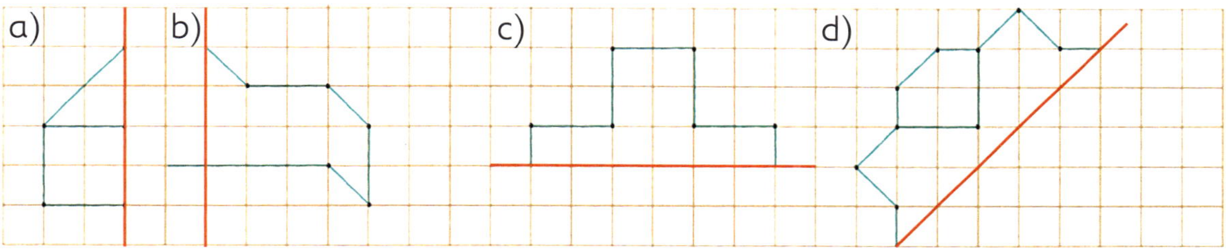

4 Spanne die Figur auf dem Geobrett. Spanne das Spiegelbild.
Überprüfe mit Hilfe des Spiegels.

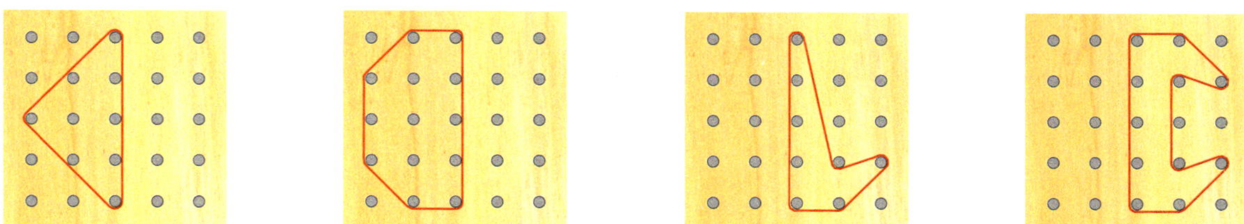

Zeit und Uhrzeit

1 Wo hast du solche oder ähnliche Uhren schon gesehen? Erzähle davon.

2 Warum ist es wichtig, Zeiten richtig ablesen zu können? Nenne Beispiele.

3 Schreibe folgende Zeitangaben in der richtigen Reihenfolge auf:

nachts | vormittags | morgens | abends | mittags | nachmittags

4 Erzähle von deinem Tagesablauf.

Erinnere dich:
Der kleine rote Zeiger ist der Stundenzeiger.
Der große blaue Zeiger ist der Minutenzeiger.

5 Wie spät ist es?

a) 

b) 

c) 

d) 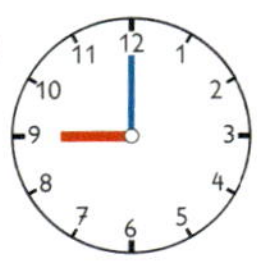

e) 

f) 

6 Stelle auf deiner Lernuhr folgende Zeiten ein: 3 Uhr, 10 Uhr, 5 Uhr, 12 Uhr, 7 Uhr, 1 Uhr. Kontrolliere mit deinem Nachbarn.

7 Nenne deinem Nachbarn eine Uhrzeit. Er stellt sie ein, du kontrollierst. Wechselt dann.

1 bis 4: Die Zeit als Basisgröße kennenlernen; allgemeine Zeitvorstellungen entwickeln
5 bis 7: Volle Stunden einstellen und ablesen

AH 54 | TÜ 53–54

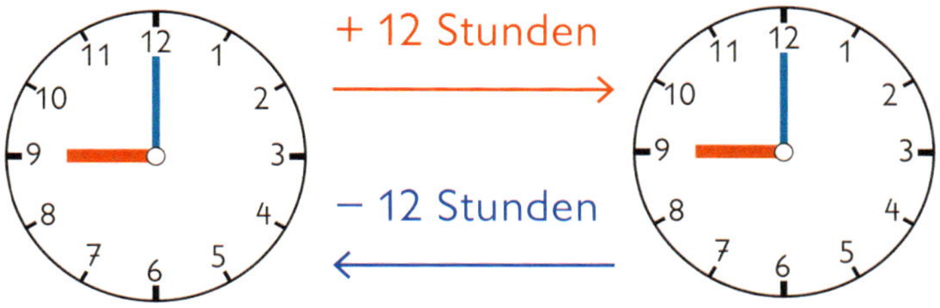

9:00 Uhr
Vormittagszeit

21:00 Uhr
Nachmittagszeit

MERKE DIR

Ein Tag hat
24 Stunden.
Er beginnt um
0 Uhr und
endet um 24 Uhr.

1 Nenne immer die Vormittagszeit und die Nachmittagszeit.

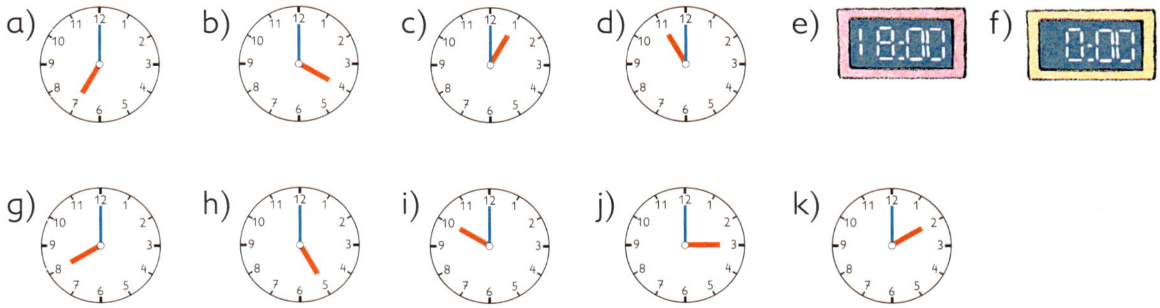

2 Stelle auf deiner Lernuhr folgende Zeiten ein: 6 Uhr, 15 Uhr, 2 Uhr, 17 Uhr, 5 Uhr, 0 Uhr. Kontrolliere mit deinem Nachbarn.

MERKE DIR

Der Minutenzeiger benötigt von einem Teilstrich zum nächsten genau fünf Minuten. Eine Stunde hat 60 Minuten.
1 h = 60 min

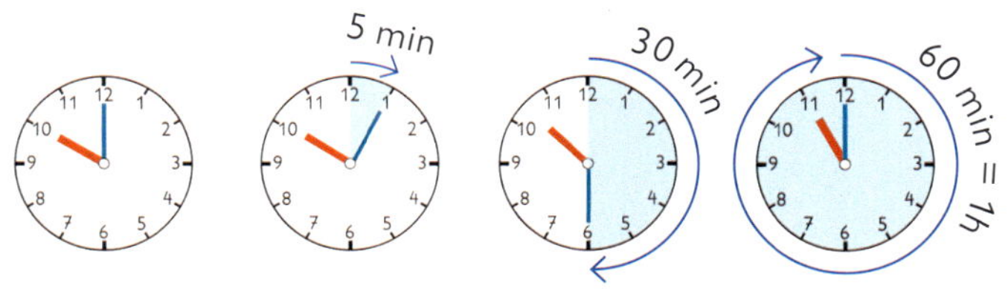

10:00 Uhr 10:05 Uhr 10:30 Uhr 11:00 Uhr

3 Auf welcher Zahl steht der Minutenzeiger, wenn

a) 10 min b) 20 min c) 50 min d) 35 min e) 45 min f) 15 min

nach einer vollen Stunde vergangen sind?

1 und 2: Vormittags- und Nachmittagszeiten (volle Stunden) einstellen und ablesen
3: Minutenzeiger einstellen

1 Wie spät ist es? Gib jeweils die Vormittagszeit und die Nachmittagszeit an.

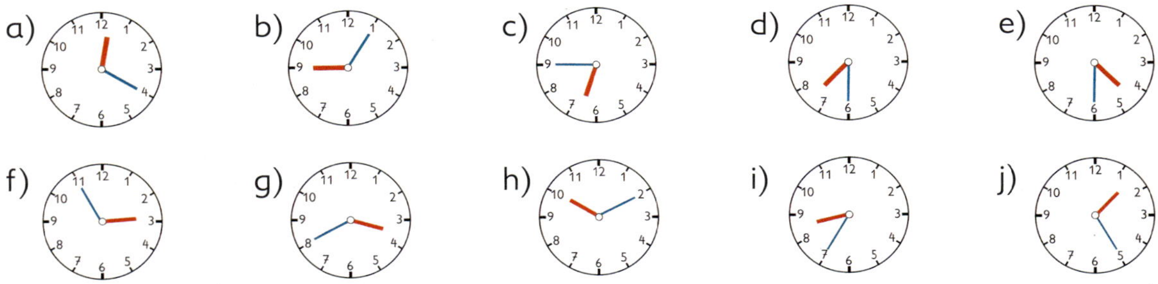

2 Stelle folgende Uhrzeiten auf deiner Lernuhr ein.

a) 12:05 Uhr	b) 17:15 Uhr	c) 9:40 Uhr	d) 0:05 Uhr	e) 13:45 Uhr
12:10 Uhr	17:35 Uhr	21:25 Uhr	16:55 Uhr	5:20 Uhr

Kontrolliere mit deinem Nachbarn.

3 Wie viele Minuten dauern folgende Tätigkeiten ungefähr?
Schätze zuerst. Überprüfe dann mit einer geeigneten Uhr.

a) Räume deine Federtasche aus und wieder ein.
b) Wische die Tafel ab.
c) Schreibe die Vornamen deiner Klassenkameraden auf.
d) Zähle von 0 bis 100.
e) Denke dir weitere Tätigkeiten aus.

4 Ergänze zur nächsten vollen Stunde.

a) 8:30 Uhr	b) 7:35 Uhr	c) 6:20 Uhr
d) 15:50 Uhr	e) 18:15 Uhr	f) 23:45 Uhr

Schreibe so:

8:30 Uhr $\xrightarrow{+\ 30\ \text{min}}$ 9:00 Uhr

1: Uhrzeiten ablesen; Vor- und Nachmittagszeiten in Fünfminutengenauigkeit angeben
2: Uhrzeiten einstellen 3: Schätzen und messen von Zeitdauern 4: Zeitspannen berechnen

1 a) Wie lange hat Dr. Möller jeden Vormittag geöffnet?
b) Wie lange dauert seine Sprechstunde am Nachmittag?
c) Wie viele Stunden ist die Praxis am Mittwoch geöffnet?
d) Wie viele Stunden arbeitet Dr. Möller in einer Woche in seiner Praxis?

2 Erkundige dich. Wie viele Minuten sind eine Viertelstunde, eine halbe Stunde und eine Dreiviertelstunde?

3 Was sagst du dazu?

4 Wie spät ist es? Gib die Zeiten in verschiedenen Sprechweisen an.

a) 
b) 
c) 
d) 
e) 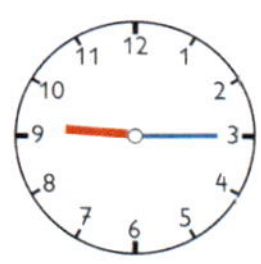

5 Wie lange dauert:
a) eine Unterrichtsstunde
b) deine Hausaufgabenzeit
c) eine kleine Pause
d) deine Lieblingsserie
e) die Hofpause
f) deine Schlafenszeit?

6 Bens Mutter ruft: „Ben, um 19:00 Uhr geht es ins Bett."
Er schaut zur Uhr. Es ist 18:15 Uhr. Wie viel Zeit hat Ben noch zum Spielen?

7 Ben schläft um 20:00 Uhr ein. Um 6:30 Uhr klingelt der Wecker.
Wie lange hat er geschlafen?

1: Zeiten ablesen; Zeitdauern berechnen 2: 15 min, 30 min und 45 min als Viertelstunde, halbe Stunde und Dreiviertelstunde kennenlernen 3 und 4: Regionale Zeitangaben kennenlernen 5: Größenvorstellungen entwickeln 6 und 7: Zeitdauern in Sachsituationen berechnen

Zeitangaben bei Veranstaltungen

Schulfest

... das erwartet dich: Samstag 10:00 Uhr – 18:00 Uhr

10:00 Uhr – 12:00 Uhr lustige Olympiade
10:00 Uhr – 11:00 Uhr und 14:00 Uhr – 15:00 Uhr Kindertheater
11:30 Uhr – 12:30 Uhr Zaubershow „Hokuspokus“
11:00 Uhr – 12:30 Uhr und 13:30 Uhr – 15:00 Uhr Autorennen für Kinder
14:00 Uhr – 17:00 Uhr Bastelstraße
16:30 Uhr – 17:15 Uhr Verkehrsquiz
15:00 Uhr – 18:00 Uhr Kinderdisco

1
a) Wann wird das Schulfest eröffnet?
b) Welche Veranstaltungen finden nachmittags statt?
c) Wie lange kann man basteln?
d) Wie lange kann man insgesamt am Autorennen teilnehmen?
e) An welcher Veranstaltung würdest du teilnehmen?
f) Nach der Kinderdisco wird noch 1 h 30 min aufgeräumt. Um wie viel Uhr sind alle Helfer fertig?
g) Denke dir weitere Aufgaben zum Schulfest aus. Bespreche sie mit deinem Nachbarn.

2

a) An welchen Tagen finden keine Vorstellungen statt?
b) Wie lange dauert eine Vorstellung?
c) Wie viel bezahlt eine Familie mit zwei Kindern für ihre Karten?
d) Eine halbe Stunde vor Vorstellungsbeginn wird das Zelt geöffnet. Wann wäre das am Sonntag?

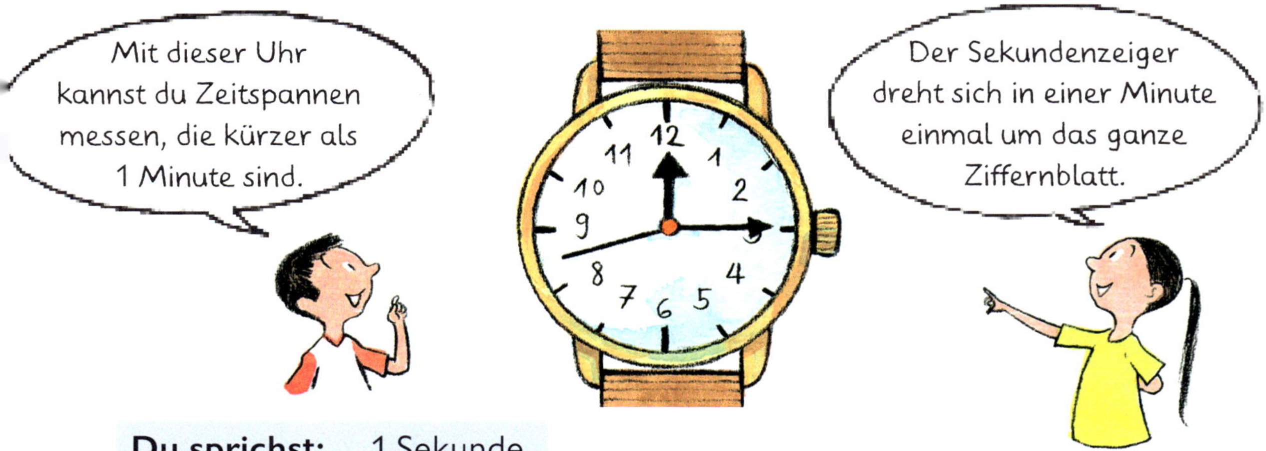

Du sprichst: 1 Sekunde
Du schreibst: 1 s

1 Wie viele Sekunden sind vergangen?

a) 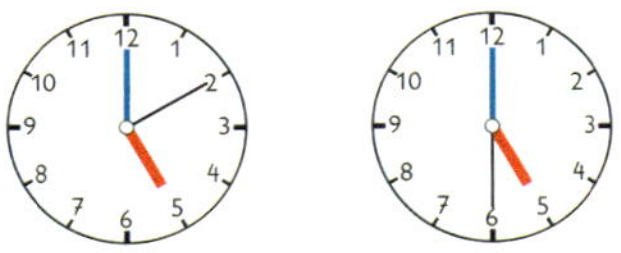 ☐ s

b) 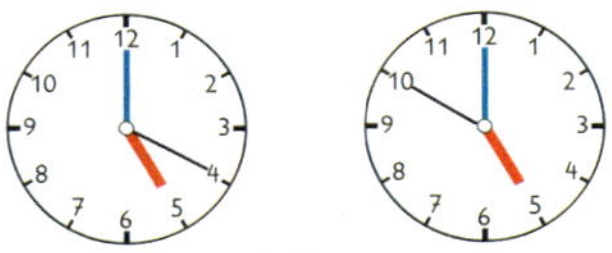 ☐ s

c) 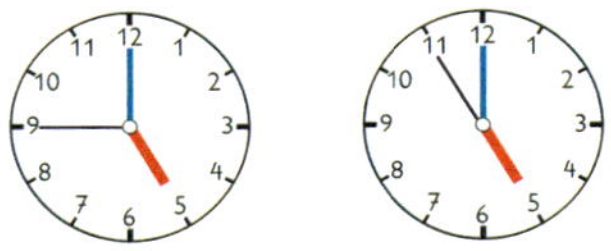 ☐ s

d) 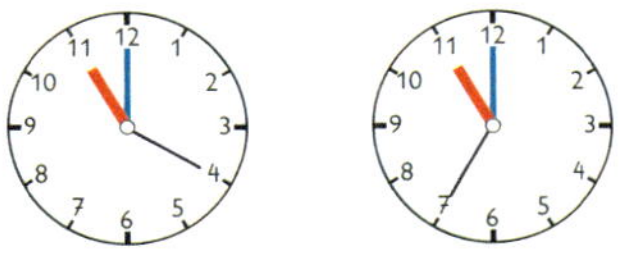 ☐ s

e) 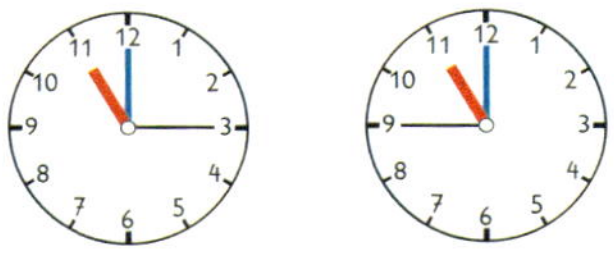 ☐ s

f) 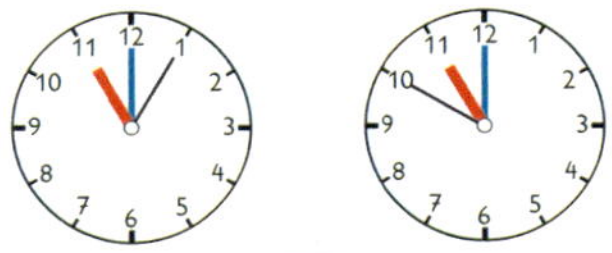 ☐ s

2 Wie viel mal muss der Sekundenzeiger umlaufen in:
3 Minuten, 5 Minuten, 8 Minuten, 10 Minuten?

3 Führe die Tätigkeiten zusammen mit deinem Nachbarn aus.
Schreibe die benötigte Zeit auf. Fertige dazu eine Tabelle an.

Tätigkeit	Zeit in Sekunden	
	Du	Dein Nachbar
Schreiben deinen Namen.		
Zähle von 1 bis 50.		
Sage die Malfolge der 5 auf.		
Falte ein Blatt so, dass 4 Vierecke entstehen.		

1: Zeitdauer in Sekunden angeben 2: Anzahl der Umläufe ermitteln
3: Tätigkeiten ausführen; Zeitdauer ermitteln und in die Tabelle eintragen

1 Punktebilderaufgaben legen – Aufgaben finden

a) Ein Kind legt eine Multiplikationsaufgabe mit Rechenplättchen. Der Lernpartner nennt dazu die passende Additions- und Multiplikationsaufgabe.

b) Du nennst eine Multiplikationsaufgabe. Der Lernpartner legt diese mit Rechenplättchen.

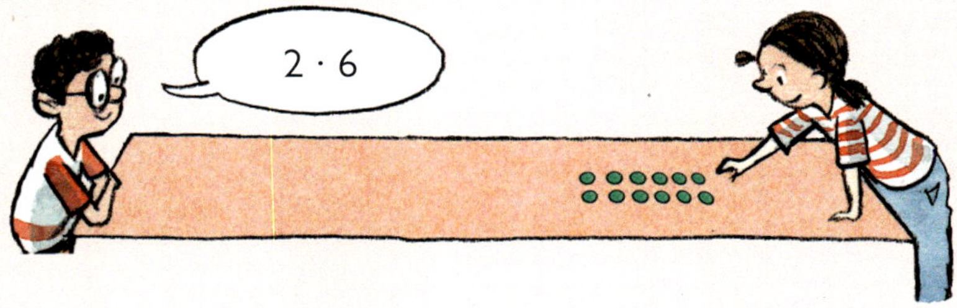

2 Figuren legen – Aufgaben finden

Lege mit deinem Lernpartner unterschiedlich viele Dreiecke, Vierecke und Fünfecke mit Rechenstäbchen. Findet gemeinsam die passenden Additions- und Multiplikationsaufgaben dazu.

3 Multiplikationsaufgaben darstellen

Gestalte mit deinem Lernpartner ein Plakat mit Multiplikationsaufgaben. So könnte es aussehen:

1: Additions- und Multiplikationsaufgaben zu Punktebildern und umgekehrt finden
2: Figuren legen; Additions- und Multiplikationsaufgaben ableiten
3: Multiplikationsaufgaben zeichnen

1 Aufgabe, Tauschaufgabe und Umkehraufgabe

Du nennst eine Multiplikationsaufgabe aus den Malfolgen 2, 5 oder 10. Dein Lernpartner bildet dazu die Tauschaufgabe und die Umkehraufgabe.

2 Bilder gestalten

Gestaltet mit Zirkeln oder Kreisschablonen ein Bild aus verschieden großen Kreisen. (z.B. Blumen oder Muster).

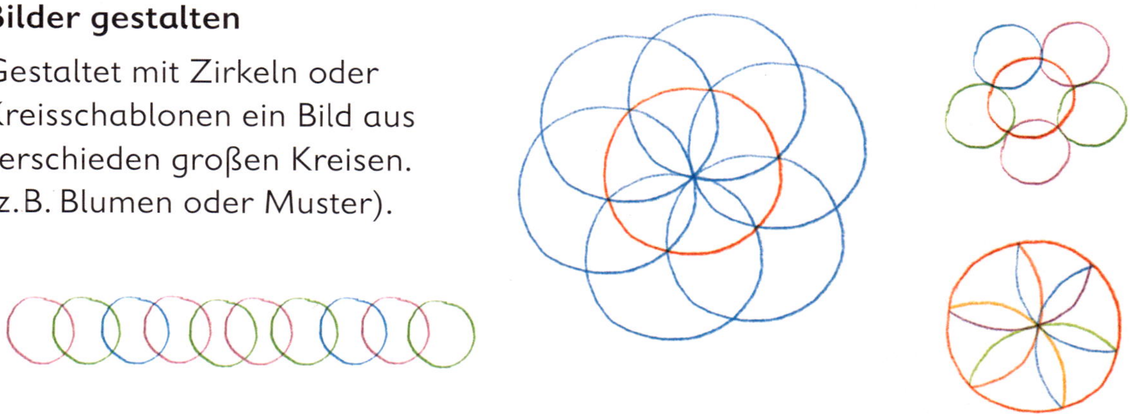

3 Spiegelbilder spannen

Du spannst eine Figur auf deinem Geobrett. Dein Lernpartner spannt dazu das Spiegelbild.

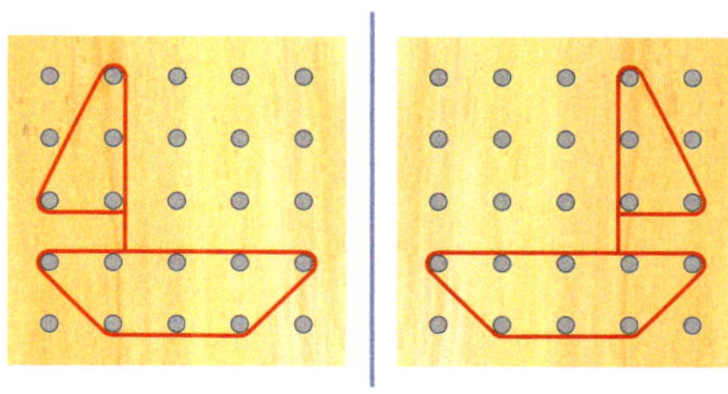

4 Uhrzeiten einstellen

Ihr braucht eine Lernuhr.

a) Du nennst eine Uhrzeit, dein Lernpartner stellt sie auf der Lernuhr ein.

b) Du stellst eine Uhrzeit auf der Lernuhr ein, dein Lernpartner nennt die Vormittags- und die Nachmittagszeit dazu.

1: Tausch- und Umkehraufgaben zu einer Multiplikationsaufgabe finden
2: Bilder mit Kreisen gestalten 3: Spiegelbilder auf dem Geobrett spannen
4: Uhrzeiten einstellen und benennen

Kann ich das schon?

1 Schreibe zu jedem Bild die Aufgabe und die Tauschaufgabe auf. Löse die Aufgaben.

a) 

b) 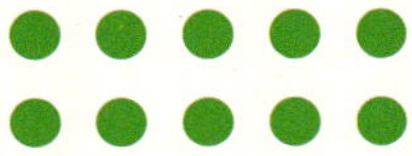

c) 

d) 

2

a)	b)	c)
9 · 2	2 · 5	15 = ☐ · 5
6 · 5	10 · 3	16 = ☐ · 8
2 · 7	1 · 8	12 = ☐ · 2
5 · 0	9 · 5	2 = ☐ · 2
10 · 7	5 · 4	50 = ☐ · 5

3

·	2	1	5	10
3				
6				
8				
9				

4 Berechne die fehlenden Zahlen.

Zahl	5	3		8	0		50		20	
das Doppelte			20			4		12		2

5

Meine Zahl liegt zwischen den Zahlen 20 und 30. Sie gehört zur Malfolge der 5.

Meine Zahl ist das Siebenfache von 5.

6 Ben hilft seiner Sportgruppe. Er stellt 7 Paar Turnschuhe in das Regal. Wie viele Turnschuhe hat er abgestellt?

7 a) Wie viele Fünfersprünge sind es von der 25 bis zur 45?

b) Wenn du bei der 15 startest und 5 Fünfersprünge machst, bei welcher Zahl kommst du an?

8 Falte und zeichne wie in den Abbildungen. Schneide die Figuren aus. Zeichne die Symmetrieachsen ein.

9 Schreibe zu jedem Bild die passende Aufgabenfamilie auf.

5 · 4	: 4
4 · 5	: 5

a) 

b) 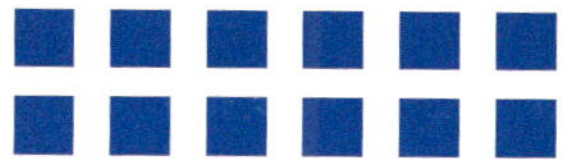

c) 

d) 

e) 

10 Setze das richtige Zeichen: < = > .

a)		b)		c)	
20 : 2	9	18 : 3	10	13	6 · 2
10 · 4	35	7 · 2	15	16	2 · 8
50 : 10	5	90 : 10	5	35	6 · 5
18 : 2	10	0 : 5	0	0	2 · 0

11 Berechne die fehlenden Geldbeträge.

Betrag	10 €	8 €	18 €		20 €		2 €		40 €
die Hälfte	5 €			7 €		40 €		15 €	

12 Zeichne Kreise mit dem Mittelpunkt M und dem Durchmesser d.
d = 8 cm, d = 5 cm, d = 60 mm, d = 40 mm, d = 3 cm 8 mm

13 a) Zeichne einen Kreis mit dem Mittelpunkt M und dem Radius r = 3 cm.

b) Zeichne um den gleichen Mittelpunkt M einen anderen Kreis mit einem Radius, der doppelt so groß ist wie der Radius des ersten Kreises.

14 Berechne die Produkte aus:
a) 3 und 5 b) 7 und 10 c) 2 und 8 d) 10 und 10 e) 5 und 0

15 Berechne die Quotienten.
a) 25 : 5 b) 70 : 10 c) 18 : 2 d) 30 : 10 e) 15 : 5

16 Bilde Aufgabenfamilien.

a) 5 9 45 b) 18 9 2 c) 80 10 ?

Multiplizieren mit 4

1 Wie viele Winterräder werden zum Wechseln für diese 3 Autos gebraucht?
Schreibe auf. Rechne. 4 + ☐ + ☐ = ☐
☐ · ☐ = ☐

2 Vierersprünge am Zahlenstrahl

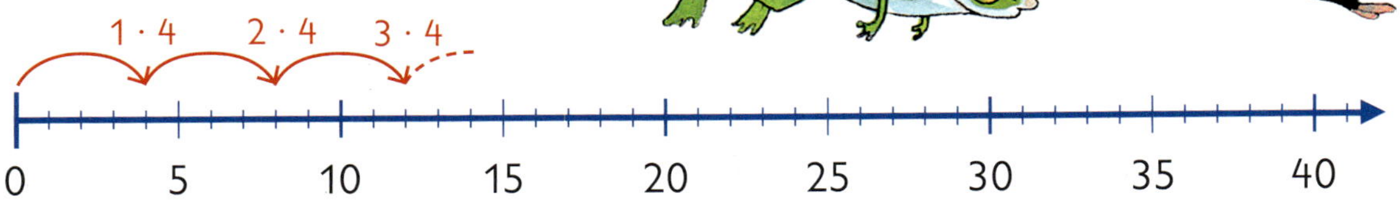

Wie viele Sprünge sind es bis zur 16, 20, 24, 28, 32, 36, 40?

3 Malfolge der 4

0 · 4 = 0				
1 · 4 = 4	+ 4			
2 · 4 = 8	+ 4			
3 · 4 = ☐	+ 4			
4 · 4 = ☐	+ 4			
5 · 4 = ☐				
6 · 4 = ☐				
7 · 4 = ☐				
8 · 4 = ☐				
9 · 4 = ☐				
10 · 4 = 40				

Schreibe die Malfolge in dein Heft.
So kannst du die fehlenden Lösungen finden:

a) Immer 4 addieren.
Beginne bei 0 · 4 = 0
oder
b) Tauschaufgaben bilden.
oder
c) Kernaufgaben addieren, subtrahieren oder verdoppeln.

4 Der Werkstattmeister hat eine Tabelle für das Räderwechseln vorbereitet.
Übertrage die Tabelle in dein Heft und vervollständige sie.

Autos	2	4	5	7	8	10
Räder						

1: Additions- und Multiplikationsaufgabe finden und lösen
2: Anzahl der Sprünge nennen
3: Malfolge vervollständigen 4: Tabelle ergänzen

AH 57 | TÜ 56

1 Wie viele Quadrate kann jedes Kind legen?

Maria

20 : 4 = , denn · 4 = 20

Max

12 : 4 = , denn · 4 = 12

2 Lege Quadrate aus 4 Stäbchen und rechne.
Prüfe immer mit der Umkehraufgabe.
Wie viele Quadrate kannst du legen:

a) aus 8 Stäbchen
8 : 4 = , denn · 4 = 8

b) aus 16 Stäbchen
16 : 4 = , denn · 4 = 16

c) aus 24 Stäbchen d) aus 32 Stäbchen e) aus 28 Stäbchen?

3 Finde Aufgaben mit **:** und löse sie.
Überprüfe das Ergebnis mit der Umkehraufgabe.

24	4	6	7	4	12	4	3	2	32	4
36	28	4	7	2	5	16	4	4	4	8
4	9	13	20	4	5	42	4	0	1	15

Rechne und schreibe so:
24 : 4 = 6
6 · 4 = 24

4 Max hat eine Tüte mit 20 Gummibärchen. Er will sie so verteilen, dass er und seine 3 Freunde die gleiche Anzahl an Bärchen erhalten. Wie viele Bärchen bekommt jedes Kind?

5 Der Gärtner will 32 Säcke mit Blumenerde wegfahren. Er legt immer 4 Säcke auf seine Sackkarre. Wie oft muss er fahren?

1 und 2: Division verstehen; Multiplikation als Umkehroperation erfassen und anwenden
3: Divisionsaufgaben finden und lösen; mit der Umkehraufgabe kontrollieren
4 und 5: Inhalt erfassen; Aufgabe finden und lösen

Multiplizieren mit 8

1 Wie viele Ruderer nehmen an dem Wettkampf teil?
Schreibe auf. Rechne. 8 + ☐ + ☐ + ☐ + ☐ = ☐
☐ · 8 = ☐

2 Achtersprünge am Zahlenstrahl

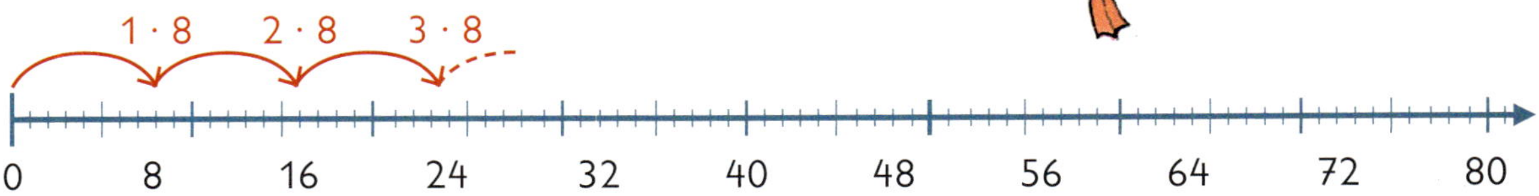

Wie viele Sprünge sind es bis zur 32, 48, 56, 72, 80?

3 Malfolge der 8

0	·	8	=	0	
1	·	8	=	8	+ 8
2	·	8	=	16	+ 8
3	·	8	=	☐	+ 8
4	·	8	=	☐	+ 8
5	·	8	=	☐	
6	·	8	=	☐	
7	·	8	=	☐	
8	·	8	=	☐	
9	·	8	=	☐	
10	·	8	=	80	

Schreibe die Malfolge in dein Heft.
So kannst du die fehlenden Lösungen finden:

a) Immer 8 addieren.
Beginne bei 0 · 8 = 0
oder

b) Tauschaufgaben bilden.
oder

c) Kernaufgaben addieren, subtrahieren oder verdoppeln.

4 Beim Wettkampf der Achter-Boote starten 3 Boote aus Rostock, 2 Boote aus Leipzig und 4 Boote aus Hamburg.
Wie viele Ruderer sind aus jeder Stadt am Start?

1: Additions- und Multiplikationsaufgabe finden 2: Anzahl der Sprünge nennen
3: Malfolge vervollständigen und lernen 4: Inhalt erfassen; Aufgabe finden und lösen

1 Wie viele Murmeln erhält jedes Kind?
Rechne so: 48 : 8 = ▢, denn ▢ · 8 = 48

2 Verteile gerecht an 8 Kinder.
Schreibe die Aufgabe auf und löse sie.
Überprüfe das Ergebnis mit der Umkehraufgabe.

a) 24 Murmeln b) 32 Spielkarten c) 56 Gummibärchen
d) 40 Sticker e) 64 Stäbchen f) 16 Luftballons

3 Bilde Aufgabenfamilien.

(5) (8) (40)

5 · 8 = : 5 =
8 · 5 = : 8 =

a) (4) (8) (32)
b) (16) (8) (2)
c) (80) (10) (8)
d) (8) (1) (8)

4 In Annas Klasse sind 24 Kinder. Immer 8 Kinder sollen an einem Tisch sitzen. Wie viele Tische werden benötigt?

5 Ben und Lisa sammeln Tierbilder. Ben hat in seinem Album 2 Reihen mit je 8 Bildern. Lisa hat 4 Reihen mit je 4 Bildern. Wer hat mehr Bilder?

WIEDERHOLE

2 · 8	2 · 4	24 : 4	2 · 5	30 : 5	18 : 2
5 · 8	5 · 4	36 : 4	5 · 5	45 : 5	14 : 2
10 · 8	10 · 4	16 : 4	10 · 5	15 : 5	10 : 2

1: Division als Umkehrung der Multiplikation anwenden
2: Dividieren durch 8 – Aufgabe finden und lösen; mit der Umkehraufgabe prüfen
3: Aufgabenfamilien bilden 4 und 5: Inhalt erfassen; Aufgabe finden und lösen

Multiplizieren mit 3

1 Wie viele Flügel werden benötigt für a) 5 Windräder
b) 2 Windräder
c) 7 Windräder
d) 10 Windräder?

Schreibe auf. Rechne so:
3 + ☐ + ☐ + ☐ + ☐ = ☐
☐ · 3 = ☐

2 Malfolge der 3

0	·	3	=	0
1	·	3	=	3
2	·	3	=	6
3	·	3	=	
4	·	3	=	
5	·	3	=	15
6	·	3	=	
7	·	3	=	
8	·	3	=	
9	·	3	=	
10	·	3	=	30

Schreibe die Malfolge in dein Heft.
So kannst du die fehlenden Lösungen finden:

a) Immer 3 addieren.
Beginne bei 0 · 3 = 0
oder
b) Tauschaufgaben bilden.
oder
c) Kernaufgaben addieren, subtrahieren oder verdoppeln.

3 Erfinde zu jedem Bild eine Aufgabe mit · und löse sie.

a)

b)

c)

1: Additions- und Multiplikationsaufgaben finden und lösen
2: Malfolge vervollständigen und lernen
3: Zu jedem Bild die Multiplikationsaufgabe finden und lösen

AH 59 | TÜ 58

Dividieren durch 3

1 Ben verteilt 18 Spielkarten. Wie viele Karten erhält jedes Kind?

Rechne so: 18 : 3 = , denn · 3 = 18

2 Verteile die Karten an 3 Kinder:
a) 6 Karten b) 12 Karten c) 21 Karten
d) 24 Karten e) 30 Karten f) 15 Karten
Wie viele Karten erhält jedes Kind?

3 Überprüfe durch Legen und Rechnen.
a) Stimmt es, dass Anna mit 27 Stäbchen 9 einzelne Dreiecke legen kann?
b) Kann Ben mit 15 Stäbchen 5 einzelne Dreiecke legen?

4 Bilde Aufgabenfamilien.
a) 8 3 24 b) 36 9 4 c) 3 15 5 d) 27 9 3
e) 4 ? 12 f) ? 6 3 g) 30 10 ? h) 36 6 ?

5 a) Anna hat 24 Euro gespart.
Wie viele CDs könnte sie dafür kaufen?
b) Max hat 12 Euro gespart.
Er behauptet, dass er sich dafür nur halb so viele CDs wie Anna kaufen kann.
Stimmt das?

6 Lisa hat 3 Geldscheine zu je 10 Euro. Tom hat 6 Geldscheine zu je 5 Euro. Wer hat mehr Geld?

7 Tom hat 3 Münzen zu je 2 Euro. Maria hat 5 Münzen zu je 1 Euro. Stimmt es, dass Maria weniger Geld hat als Tom?

WIEDERHOLE

7 · 3	4 · 5	45 : 5	3 · 5 ct	18 ct : 2
1 · 3	9 · 5	18 : 2	8 · 2 ct	25 ct : 5
9 · 3	7 · 5	40 : 10	7 · 10 ct	60 ct : 2

1 und 2: Division als Umkehrung der Multiplikation verstehen und anwenden
3: Dreiecke legen; Aufgabe und Umkehraufgabe finden
5 bis 7: Inhalt erfassen; Aufgabe finden und lösen

Multiplizieren mit 6

1 Wie viele Beine haben die 7 Marienkäfer zusammen?

Schreibe auf. Rechne so: 6 + ☐ + ☐ + ☐ + ☐ + ☐ + ☐ = ☐
☐ · 6 = ☐

2 Schreibe zu jedem Bild die passende Aufgabe mit · und löse sie.

a) 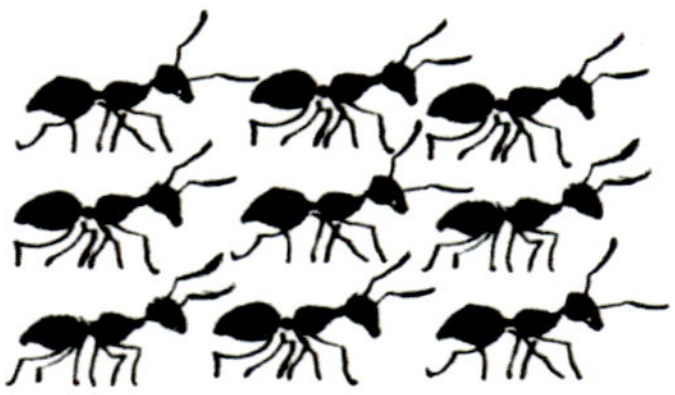

Wie viele Beine haben die Ameisen insgesamt?

b) 

Wie viele Dosen siehst du?

c) 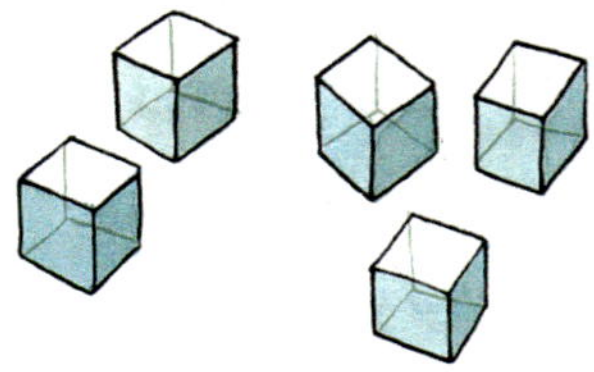

Wie viele Flächen haben alle Würfel zusammen?

3 Malfolge der 6

0	·	6	=	0
1	·	6	=	6
2	·	6	=	12
3	·	6	=	☐
4	·	6	=	☐
5	·	6	=	30
6	·	6	=	☐
7	·	6	=	☐
8	·	6	=	☐
9	·	6	=	☐
10	·	6	=	60

Schreibe die Malfolge in dein Heft.
So kannst du die fehlenden Lösungen finden:

a) Immer 6 addieren.
Beginne bei 0 · 6 = 0
oder
b) Tauschaufgaben bilden.
oder
c) Kernaufgaben addieren, subtrahieren oder verdoppeln.

4 a) 24 = ☐ · 6
42 = ☐ · 6
54 = ☐ · 6

b) 6 · 5 ct = ☐ ct
6 · 8 ct = ☐ ct
6 · 10 ct = ☐ ct

1: Additions- und Multiplikationsaufgabe finden 2: Aufgaben zuordnen und lösen
3: Malfolge vervollständigen und lernen 4: Platzhalter bestimmen

Dividieren durch 6

1 Wie viele Sechsecke können die Kinder mit 24 Dreiecken legen?

Rechne so: 24 : 6 = , denn · 6 = 24

2 Wie viele Sechsecke kannst du mit
a) 12 b) 18 c) 30 d) 48 Dreiecken legen?

Überprüfe jedes Ergebnis mit der Umkehraufgabe.

3 Bilde Aufgabenfamilien.

9 6 54

9 · 6 = : 9 =
6 · 9 = : 6 =

a) 5 6 30

b) 18 6 3

c) 48 8 6

d) 10 60 6

4 Setze das richtige Zeichen: < = >.

a) 36 : 6 5
30 : 3 10
18 : 6 4

b) 42 : 6 6 · 6
24 : 4 2 · 6
48 : 6 1 · 6

c) 36 : 6 20 : 4
54 : 6 27 : 3
25 : 5 30 : 6

5 Welche Zahlen gehören zu den Malfolgen der 3 und der 6?

15 30 12 18 21 54 36 27 9 24

6 Bauer Senfkorn legt immer 6 Eier in eine Packung.
Wie viele Packungen braucht er für 42 Eier?

1: Division als Umkehrung der Multiplikation anwenden 2: Dividieren durch 6
3: Aufgabenfamilien bilden 4: Quotienten ermitteln und Relationszeichen setzen
5: Teilbarkeit durch 3 und 6 prüfen 6: Inhalt erfassen; Aufgabe bilden und lösen

Multiplizieren mit 9

1 Wie viele Kegel sind insgesamt aufgestellt? Schreibe auf. Rechne.

9 + ☐ + ☐ = ☐

☐ · 9 = ☐

2 Rechne vorteilhaft. Nutze die Malfolge der 10.

2 · 9 = ☐

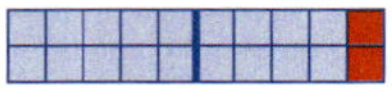

2 · 10 − 2 · 1 = ☐

5 · 9 = ☐

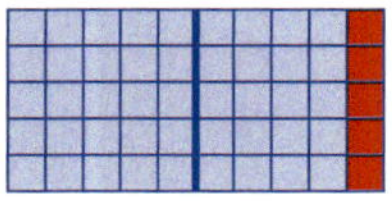

5 · 10 − 5 · 1 = ☐

7 · 9 = ☐
7 · 10 − 7 · 1 = ☐

8 · 9 = ☐
8 · 10 − 8 · 1 = ☐

9 · 9 = ☐
9 · 10 − 9 · 1 = ☐

3 Malfolge der 9

0	· 9	=	0
1	· 9	=	9
2	· 9	=	18
3	· 9	=	☐
4	· 9	=	☐
5	· 9	=	45
6	· 9	=	☐
7	· 9	=	☐
8	· 9	=	☐
9	· 9	=	☐
10	· 9	=	90

Schreibe die Malfolge in dein Heft. So kannst du die fehlenden Lösungen finden:

a) Immer 9 addieren. Beginne bei 0 · 9 = 0
oder
b) Tauschaufgaben bilden.
oder
c) Kernaufgaben addieren, subtrahieren oder verdoppeln.

4

72 = ☐ · 9 63 = ☐ · 9
27 = ☐ · 9 36 = ☐ · 9
81 = ☐ · 9 18 = ☐ · 9

5 An der Malfolge mit 9 kannst du viel entdecken.

a) Schreibe alle Ergebnisse der Folge untereinander.
b) Vergleiche alle Zehner und dann alle Einer miteinander.
c) Addiere immer Zehner und Einer der Ergebnisse.

Dividieren durch 9

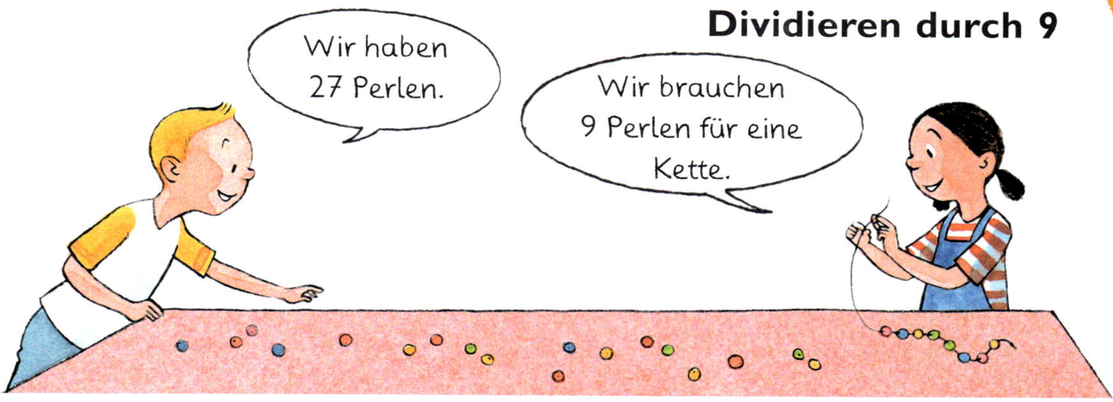

1 Wie viele Ketten können die Kinder anfertigen?

Rechne so: 27 : 9 = , denn · 9 = 27

2 Wie viele Ketten mit jeweils 9 Perlen könntest du anfertigen?
Vervollständige dazu die Tabelle.

Anzahl der Perlen	18	36	45	54	63	72
Anzahl der Ketten						

3 Rechne.

a) 72 : 9 = , denn · 9 = 72
90 : 9 = , denn · 9 = 90
36 : 9 = , denn · 9 = 36

b) 63 : 9 = , denn · 9 = 63
9 : 9 = , denn · 9 = 9
45 : 9 = , denn · 9 = 45

4 Finde Gleichungen mit : und schreibe sie auf.

3	5	27	3	6	36	9	4
13	18	2	9	45	5	9	81
36	9	4	15	18	4	9	9

36 : 9 = 4

5 a)

·	2	4	7	8	9
9					
3					

b)

:	3	9	1
27			
18			

6 Welche Zahlen sind es?

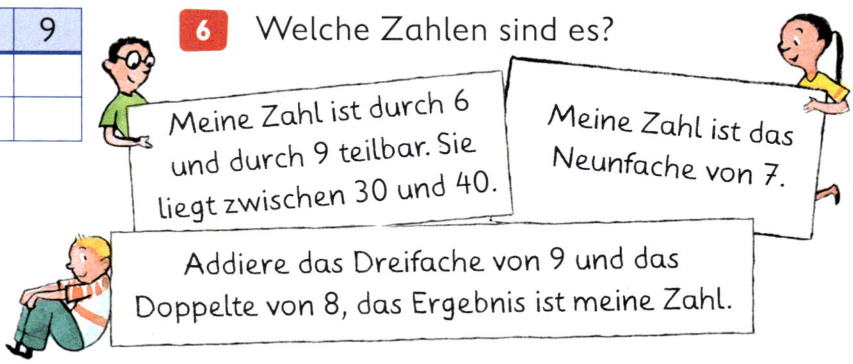

Multiplizieren mit 7

1 Ben spielt gerne Handball. Er war 3 Wochen im Trainingslager. Wie viele Tage war er von zu Hause weg?

Schreibe auf. Rechne so: 7 Tage + ☐ Tage + ☐ Tage = ☐ Tage
☐ · 7 Tage = ☐ Tage

2 Malfolge der 7

0	· 7	=	0	
1	· 7	=	7	
2	· 7	=	14	
3	· 7	=	☐	
4	· 7	=	☐	
5	· 7	=	35	
6	· 7	=	☐	
7	· 7	=	☐	
8	· 7	=	☐	
9	· 7	=	☐	
10	· 7	=	70	

Schreibe die Malfolge in dein Heft.

Nur eine Lösung ist neu.

Alle anderen Lösungen kennst du schon von den anderen Malfolgen. Du musst nur Tauschaufgaben bilden.

3 a) 4 · 7   b) 7 · 6
8 · 7   7 · 5
3 · 7   7 · 0

4 a) 28 = ☐ · 7   b) 42 = ☐ · 7
49 = ☐ · 7   63 = ☐ · 7
0 = ☐ · 7   7 = ☐ · 7

5 < oder > ?

3 · 7 ◯ 2 · 9   6 · 4 ◯ 5 · 7
4 · 4 ◯ 7 · 2   9 · 8 ◯ 7 · 10
5 · 5 ◯ 4 · 7   7 · 7 ◯ 6 · 8

6 Übertrage die Tabelle in dein Heft. Vervollständige sie.

Wochen	4		6		7	8		3		9
Tage		7		35			70		14	

1: Platzhalter belegen, Anzahl der Tage berechnen   2: Malfolge vervollständigen
3 und 4: Multiplizieren; Platzhalter belegen   5: Relationszeichen setzen
6: Tabelle vervollständigen

AH 62 | TÜ 61

1 a) Wie viele Äpfel bekommt jeder Zwerg?
Rechne so: 21 : 7 = ☐, denn ☐ · 7 = 21
b) Schneewittchen verteilt 14 Brötchen, 35 Kekse und 7 Flaschen Saft.
Wie viel bekommt jeder Zwerg davon?

2 Schneewittchen wohnte 42 Tage bei den 7 Zwergen.
Wie viele Wochen waren das?

3 Wie viele Wochen sind es?
a) 28 Tage b) 49 Tage c) 56 Tage d) 63 Tage e) 70 Tage

4

a)	b)
14 : 7	49 : 7
7 : 7	0 : 7
7 : 1	70 : 7
21 : 7	28 : 7

5 Setze das richtige Zeichen: <, =, >.

a)			b)		
36 : 6	☐	20 : 4	8 · 2	☐	3 · 7
54 : 6	☐	27 : 3	10 · 7	☐	7 · 10
25 : 5	☐	30 : 6	7 · 7	☐	8 · 6

6

7 Im Märchenland nehmen 28 Zwerge am Waldsportfest teil.
Sie teilen sich in Gruppen mit je 7 Zwergen auf. Wie viele Gruppen bilden sie?

WIEDERHOLE

3 · 7	☐ · 7 = 14	49 = 7 · ☐	3 · 5	25 : 5
9 · 7	☐ · 7 = 63	28 = 7 · ☐	6 · 8	36 : 6

1: Platzhalter belegen; Dividieren 2, 6 und 7: Inhalt erfassen; Aufgabe finden und lösen
3 und 4: Dividieren 5: Produkte/Quotienten vergleichen und Relationszeichen setzen

Multiplizieren und Dividieren

1

a)	b)	c)	d)	e)	f)
2 · 8	7 · 3	5 · 4	6 · 4	8 · 3	3 · 9
7 · 2	3 · 6	4 · 8	6 · 5	5 · 8	7 · 9
2 · 5	5 · 3	7 · 4	9 · 6	8 · 6	9 · 2
6 · 2	3 · 8	4 · 6	6 · 3	8 · 4	4 · 9
2 · 9	10 · 3	9 · 4	10 · 6	8 · 2	10 · 9

2

3

4 Die Werkstatt tauscht die Winterreifen gegen Sommerreifen aus.
Für wie viele Autos reichen 20 Reifen?

5 Im Fahrradverleih werden an 9 Rädern beide Reifen gewechselt.
Wie viele Reifen werden benötigt?

6 An 8 Dreirädern werden alle Räder erneuert.
Die Werkstatt hat noch 22 Räder am Lager.
Reichen sie für alle Dreiräder?

1 und 2: Multiplizieren und Dividieren 3: Zahlen nach Vorgabe finden
4 bis 6: Inhalt erfassen; Aufgabe finden und lösen; im Satz antworten

1 a) 3 · 5
5 · 6
7 · 5
9 · 5
5 · 5

b) 4 · 7
7 · 6
9 · 7
7 · 3
7 · 7

c) 4 · 10
10 · 1
7 · 10
10 · 6
10 · 10

2 a)

b)

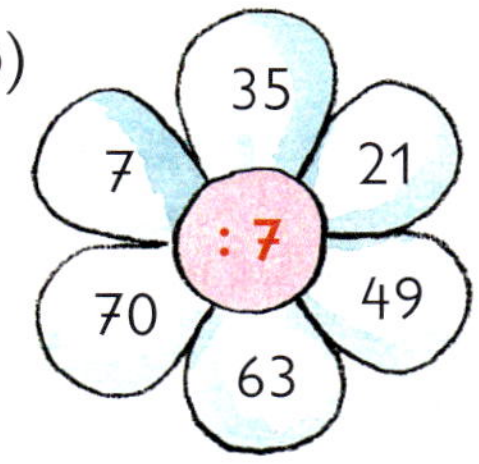

3 Bilde zu jedem Bild eine Aufgabe mit · und eine mit : .

a)

b)

4 Bilde Aufgabenfamilien.

a) 9 7 63

b) 48 8 6

c) 9 ? 45

5

·	3	5	6	9	10	4
4						
7						

6

·		4		5		7
8	24		48		80	
5						

7 Im Aufzug eines Aussichtsturms haben immer 8 Personen Platz. Eine Gruppe mit 64 Kindern möchte auf den Aussichtsturm. Wie oft muss der Aufzug fahren?

8 Welche Zahlen stehen auf der Rückseite der Tafel?

Tafel	Rückseite der Tafel
A	Das Produkt aus 10 und 1
B	Die Hälfte der Zahl von Tafel A
C	Das Dreifache der Zahl von Tafel B

9 Entdecke Aufgaben mit · und Aufgaben mit : in deiner Umgebung.

1 und 2: Multiplizieren und Dividieren 3: Aufgaben bilden und lösen 4: Aufgabenfamilien bilden
5 und 6: Tabellen ergänzen 7: Inhalt erfassen; Aufgabe finden und lösen; im Satz antworten
8: Zahlen finden 9: Aufgaben in der Umwelt finden

Häufigkeit und Wahrscheinlichkeit

Um zu entscheiden, wer den ersten Ball schlagen darf, wirft der Schiedsrichter eine Münze. Die Sportler müssen zwischen Wappen und Zahl wählen.

1 Wer von den beiden Sportlern hat Recht?

2 Wirf abwechselnd mit deinem Nachbarn eine 20-Cent-Münze 50-mal. Fertigt eine Tabelle an. Kreuze für jeden Wurf an, ob Zahl oder Wappen oben liegt.

a) Wie oft lag das Wappen oben? Wie oft lag die Zahl oben?

b) Wie würde sich die Häufigkeit von Wappen und Zahl verändern, wenn du 100-mal die Münze wirfst? Was vermutest du?

Wurf	Wappen	Zahl
1	X	
2		X
. . .		
50		

3 In der Zauberkiste sind drei gleich große Kugeln: eine gelbe, eine grüne und eine rote. Anna nimmt eine Kugel heraus und notiert sich die Farbe. Dann legt sie die Kugel wieder zurück und schüttelt die Kiste. Danach entnimmt sie wieder eine Kugel und schreibt die Farbe auf. Das macht sie 30-mal.

a) Was vermutest du: Hat sie die rote, die gelbe oder die grüne Kugel am häufigsten herausgenommen?

b) Versuche es selbst einmal. Was stellst du fest?

1: Vermutungen äußern lassen
2: Versuch durchführen und Ergebnisse in der Klasse interpretieren lassen
3: Erst Vermutungen äußern lassen, Versuch durchführen und in Bezug zur Vermutung erörtern

1 Auf dem Tisch liegen zwei rote und ein gelber Würfel.
Die Würfel sind gleich groß.
Ben soll mit verbundenen Augen einen roten Würfel wegnehmen.

Was sagst du dazu?

2 Entscheide: möglich, sicher oder unmöglich?

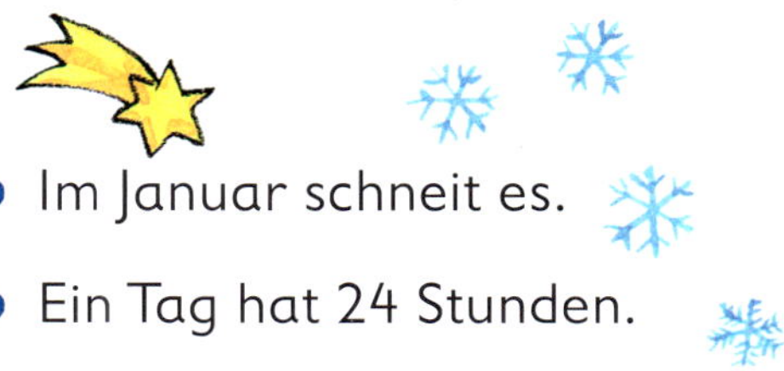

- Igel schlafen den ganzen Winter durch.
- Amseln brüten im Januar ihre Eier aus.
- Am 24. Dezember ist Heiligabend.
- Ein Rechteck hat vier rechte Winkel.
- Im Januar schneit es.
- Ein Tag hat 24 Stunden.
- Im März blühen die Tulpen.

- Zwei Geraden können sich in zwei Punkten schneiden.
- Wenn du mit einem Würfel 6-mal würfelst, dann werden 6 Punkte nur einmal geworfen.
- Die Summe aus zwei ungeraden Zahlen ist eine gerade Zahl.

3 Erfinde je ein Ereignis, das sicher, unmöglich oder möglich ist.
Schreibe es in dein Heft.

1 und 2: Entscheidungen begründen

Kombinieren

1 Ben will 4 T-Shirts und 2 Hosen für den Urlaub einpacken.
Anna möchte 3 T-Shirts und 3 Hosen mitnehmen.
Wer von den Kindern hat mehr Möglichkeiten, sich anders anzuziehen?
Fertige eine Skizze oder Tabelle an.
Schreibe die passenden Aufgaben auf und löse sie.

2 Bilde möglichst viele sinnvolle Wörter und schreibe sie in dein Heft.

L G M
ast
H f R

le rei lo
ben sen

Wie Zie Lie Flie
ge se gel
Do Na Ho Ha

3 Übertrage die Kreise in dein Heft.
Trage die Zahlen von 1 bis 6 in die kleinen Kreise so ein,
dass die Summe der Zahlen der beiden großen Kreise gleich ist.

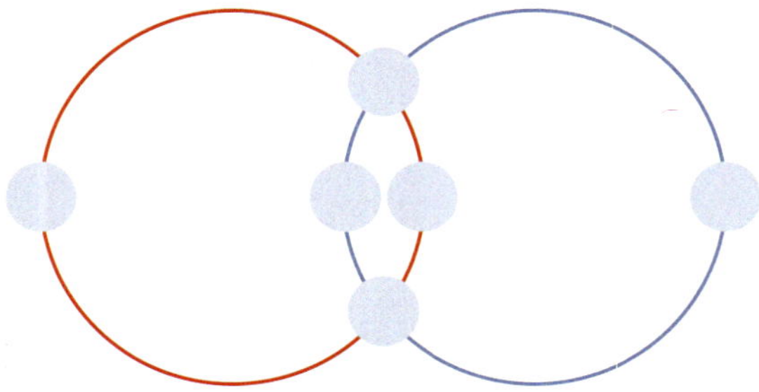

4 Spiele mit deinem Spielpartner das „Nimm-weg-Spiel".
So geht es:
Auf dem Tisch liegen 6 Münzen.

Immer abwechselnd nehmt ihr **eine** oder **zwei** Münzen weg.
Wer die letzte Münze wegnehmen muss, hat verloren. Du fängst an.
Wie viele Münzen muss du wegnehmen, damit du gewinnst?
Wiederholt das Spiel mehrmals. Wechselt euch beim Anfangen ab.

1: Kombinationsmöglichkeiten in einer Skizze oder Tabelle darstellen, Aufgabe finden und lösen
2: Alle möglichen Wörter finden 3: Mehrere Möglichkeiten erörtern
4: Zugabfolge begründen

AH 67–68 | **TÜ** 62

1 Tom hat Lisa, Anna, Ben, Max und Maria eingeladen.
Schreibe Tischkarten mit den Namen der Kinder und stelle sie im Kreis auf.
Tom möchte zwischen Lisa und Ben sitzen.
Ben soll rechts von Tom sitzen.
Anna soll Tom genau gegenüber sitzen und Maria rechts von Anna. Wo sitzt Max?

2

Du hast die Kassen voller Münzen.
Finde alle Möglichkeiten 1 € mit diesen Münzen zu wechseln.
Lege und schreibe die Möglichkeiten auf.

Beispiel:

1 € = 50 ct + 50 ct
1 € = 50 ct + 20 ct + 20 ct + 10 ct

3

Steckbrief
- ○ Es sind drei Fische mehr als Vögel.
- ○ Es sind doppelt so viele Katzen wie Meerschweinchen.
- ○ Hunde gibt es am wenigsten.

Tier	Anzahl
	14
	11
Meerschweinchen	
	5
	8

Ergänze die fehlenden Angaben.

4 Lege die Figur nach.
a) Lege zwei Stäbchen so um, dass vier gleich große Dreiecke entstehen.
b) Lege vier Stäbchen so um, dass vier gleich große Qudrate entstehen.

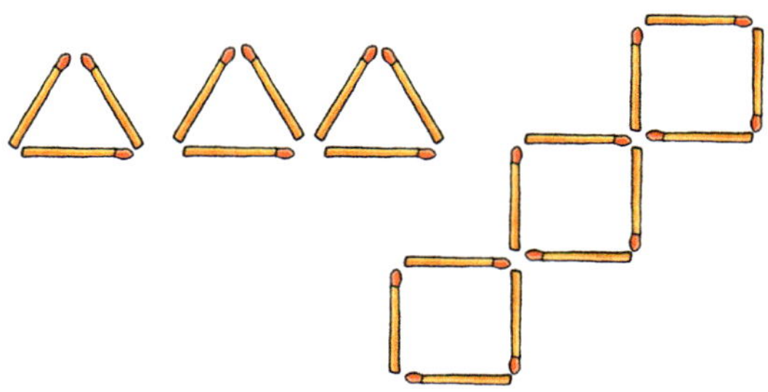

1: Tischkarten schreiben; Situation nachspielen
2: Alle Möglichkeiten des Wechselns legen und aufschreiben
3: Anzahl der Tiere finden 4: Figur nachlegen; neue Figur durch Umlegen finden

AH 67–68 | TÜ 62

Informationen aus Tabellen

1 a) Nehmen mehr Mädchen oder mehr Jungen an den Wettkämpfen teil?
b) Wie viele Kinder nehmen insgesamt teil?
c) Welcher Wettkampf hat die wenigsten Teilnehmer?

Teilnehmer an den Wettkämpfen

	Jungen	Mädchen
Federball	卌 卌	卌 卌 ||
Weitwurf	卌 ||	卌
Weitsprung	卌	卌
Hochsprung	卌	卌 ||

2 Max und Anna werfen je 10 Pfeile.

	Treffer	
Punkte	Max	Anna
10	||	|||
8	|||	||||
6	||	|
4	||	–
2	–	–

a) Wer hat die meisten Fehlwürfe?
b) Wie viele Punkte hat jedes Kind erreicht?
c) Wer die meisten Punkte hat, ist Sieger. Wer ist es?

3 a) Welche Klasse hat die meisten 1. Plätze bei den Wettkämpfen belegt? Ein Kästchen bedeutet 1 Kind.

b) Stimmt es, dass die Klassen 2a und 2d gleich viele 1. Plätze belegt haben?

c) Wie viele Kinder haben insgesamt einen 1. Platz belegt?

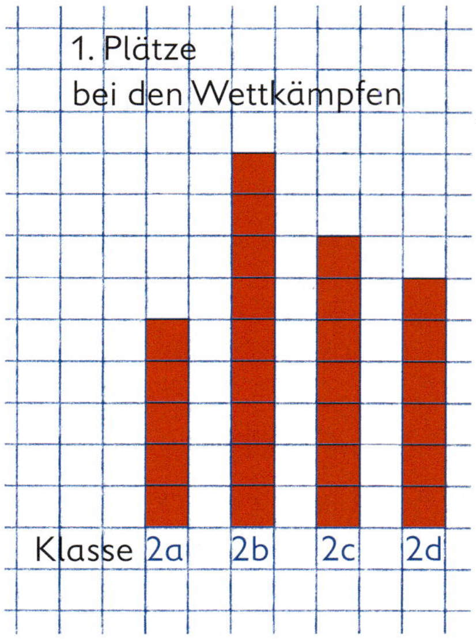

1 bis 3: Inhalt der Darstellungen erfassen; Daten den Darstellungen entnehmen, rechnen/vergleichen, antworten

AH 69–70 | **TÜ** 63

1 Maria hat die Kinder der 2. Klasse nach ihrem Lieblingseis befragt. Dazu hat sie ein Poster angefertigt. Sprich dazu.

a) Frage die Kinder deiner Klasse nach ihrem Lieblingseis. Fertige dazu eine Strichliste an.

b) Zeichne zur Strichliste ein Streifendiagramm. 1 Kästchen soll ein Kind bedeuten.

c) Sprich zu den Ergebnissen deiner Befragung vor der Klasse.

2 Trage in einer Strichliste zusammen, wie viel Minuten jedes Kind deiner Klasse von zuhause bis zur Schule benötigt.

Zeit	bis 5 min	zwischen 5 min und 10 min	mehr als 10 min
Anzahl der Kinder			

a) Zeichne zu der Strichliste ein Streifendiagramm. 1 Kästchen soll ein Kind bedeuten.

b) Wie viele Kinder brauchen mehr als 10 min bis zur Schule?

3 Würfle mit deinem Nachbarn. Jeder darf mit einem Würfel 25-mal würfeln.

a) Notiere in einer Strichliste, wie oft die jeweilige Augenzahl gewürfelt wurde.

b) Fertige ein Streifendiagramm an. Benutze zwei verschiedene Farben.

c) Erkläre, was du aus der Strichliste und dem Streifendiagramm ablesen kannst.

Augenzahl	Spieler 1	Spieler 2
⚀		
⚁		
⚂		
⚃		
⚄		
⚅		

Zum Poster sprechen – Inhalt erfassen und interpretieren 1 und 2: Strichlisten erstellen und dazu die Säulendiagramme zeichnen; die Strichlisten und die Diagramme erörtern
3: Strichliste erstellen; Säulendiagramm zeichnen

Kalender – Tage einer Woche

1 1 Woche = 7 Tage **MERKE DIR**

Eine lustige Woche

Guten Tag, Herr Montag!
Wie geht es Frau Dienstag?
Ist Herr Mittwoch zu Haus?
Sagen Sie der Frau Donnerstag:
Der Herr Freitag
geht mit Frau Samstag
am Sonntag aus.

Unbekannter Verfasser

a) Nenne die Wochentage.
b) Welche Tage im Juli sind Montage und welche Tage sind Freitage?
c) Max hat am 18. Juni Geburtstag. Nenne den Wochentag.

2 Ergänze im Heft.

Wochen	1	2		5	7	
Tage	7		28			63

3 Familie Müller fährt für 21 Tage in den Urlaub. Wie viele Wochen fahren sie weg?

4 Vervollständige die Sätze in deinem Heft.

Heute ist …
Gestern war …
Vorgestern war …
Morgen ist …
Übermorgen ist …
In einer Woche ist wieder …

5 Schreibe in dein Heft, was du in der vergangenen Woche unternommen hast.

Das habe ich gemacht:
Am Montag …
Am Dienstag …
Am …
Am …
…

1 Ordne die Monate eines Jahres.
Schreibe so: *1. Monat: Januar*
2. Monat:

1 Jahr = 12 Monate **MERKE DIR**

2 Ordne die Monate den Jahreszeiten zu.
Die Farben helfen dir dabei:
Frühling, Sommer, Herbst und Winter.

3 Lisa hat die Geburtstage ihrer Freunde aufgeschrieben:

Maria	Anna	Ben	Tom	Max	Nina
3.5.	12.5.	12.4.	17.11.	18.6.	9.10.

Schreibe für jedes Kind das Datum mit dem Namen des Monats auf.

Schreibe so: Maria: 3. Mai.

4 Schreibe das Datum, ohne den Monatsnamen zu nennen.
a) 16. Februar 2009 b) 2. August 2010 c) 25. November 2011

5 Welcher Wochentag ist es? Schau im Kalender nach.
a) 12. Januar b) 14. Mai c) 22. September d) Neujahr e) Heiligabend
f) Muttertag g) Silvester h) Frühlingsanfang i) Herbstanfang

1: Monate ordnen 2: Monate den Jahreszeiten zuordnen
3 und 4: Datumsangabe mit und ohne Monatsnamen 5: Wochentage bestimmen

1 Versteckte Zahlen

Welche Zahlen haben sich unter den Tieren versteckt?
Findet gemeinsam diese Zahlen und löst die Aufgaben.

Tier	Zahl

2 Bingo

Jedes Kind erhält ein Bingofeld.

Der Spielleiter zeigt eine Aufgabenkarte. Die Kinder lösen diese Aufgabe und streichen die Lösungszahl durch. Gewonnen hat, wer zuerst drei nebeneinander stehende Zahlen durchgestrichen hat.

9	25	16
42	54	35
56	32	27

14	15	24
18	30	32
45	16	63

27	12	20
45	36	40
63	28	35

1 Name des Monats – Name des Tages

Du nennst ein Datum.
Dein Partner nennt den Namen des Monats und den des Tages.
Sind die Namen richtig, darf er seinen Spielstein ein Feld weiterrücken.
Bei einem Fehler bleibt sein Spielstein stehen.
Sieger ist, wer zuerst das Ziel erreicht.

Beispiel: 24.07.
Juli   Freitag

2 Datum würfeln

Du würfelst mit beiden Würfeln und berechnest:

a) Die Summe aus der Augenzahl.
   Sie gibt den Monat an.
b) Das Produkt aus der Augenzahl. Es gibt den Tag an.
   Dein Lernpartner nennt das Datum,
   den Namen des Monats und den des Tages.

Dann wechselt ihr euch ab.

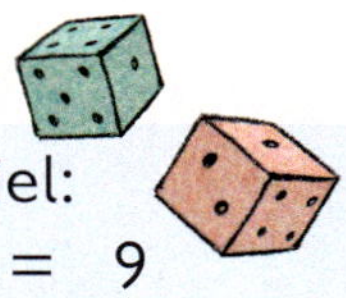

Beispiel:
$4 + 5 = 9$
$4 \cdot 5 = 20$

20.09.
September

3 Ferienzeit – Reisezeit

a) Ben war vom 26.07. bis zum 12.08. verreist.
   Tom war vom 9.7. bis zum 1.8. im Urlaub.
   Wer war länger unterwegs?
b) Erfinde selbst eine Aufgabe zum Urlaub.
   Dein Lernpartner beantwortet sie.

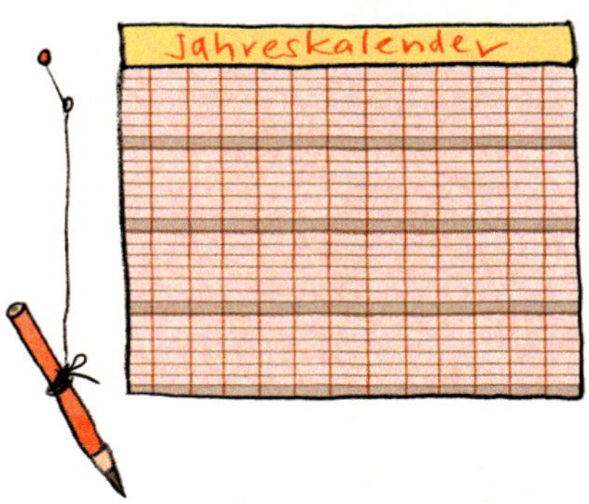

Kann ich das schon?

1

a)
3 · 4
5 · 7
3 · 6
8 · 4
9 · 7

b)
8 · 8
6 · 7
0 · 9
4 · 6
5 · 5

0 12 18 24 25 32 35 42 63 64

2

a)
2 · __ = 18
8 · __ = 8
10 · __ = 40
4 · __ = 16
10 · __ = 30

b)
__ · 7 = 49
__ · 2 = 14
__ · 6 = 60
__ · 7 = 56
__ · 8 = 72

1 3 4 4 7 7 8 9 9 10

3

a)
18 : 3
24 : 6
30 : 5
49 : 7
60 : 1

b)
20 : 2
40 : 5
56 : 7
64 : 8
50 : 10

c)
40 : 4
70 : 10
81 : 9
100 : 10
63 : 7

4 5 6 6 7 7 8 8 8 9 9 10 10 10 60

4

a) Welche der Zahlen von 12 bis 35 sind durch 5 teilbar?

b) Welche der Zahlen von 8 bis 30 sind durch 2 und durch 5 teilbar?

5 Setze das richtige Zeichen: < = > .

a)
5 · 7 ◯ 45
9 · 9 ◯ 80
6 · 2 ◯ 12
3 · 8 ◯ 32
4 · 4 ◯ 20

b)
60 : 10 ◯ 6
36 : 6 ◯ 4
30 : 5 ◯ 10
14 : 7 ◯ 3
50 : 5 ◯ 20

6 Berechne:

a) den Quotienten aus 56 und 7

b) das Produkt aus 9 und 6

c) Der Dividend ist 32 und der Divisor ist 8. Wie heißt der Quotient?

7 Zum Sportfest haben sich die Kinder der 2. Klassen zu Fünfer-Reihen aufgestellt. Es wurden 6 Reihen gebildet. Die Kinder der 3. Klassen stehen in Achter-Reihen. Sie haben 4 Reihen gebildet.

Wie viele Kinder aus jeder Klassenstufe nehmen am Sportfest teil?

8 Max hat am Mittwoch Geburtstag.
Sein Freund Richard hat 6 Tage später Geburtstag. Welcher Tag ist das?

9 Wahr w oder falsch f ?

Lisa hat 8 Münzen zu je 5 Cent.
Tom hat 10 Münzen zu je 2 Cent.

Ben hat 8 Münzen zu je 10 Cent.
Anna hat 20 Münzen zu je 1 Cent.

a) Ben hat doppelt so viel Geld wie Lisa.

b) Tom hat nur halb so viel Geld wie Lisa.

c) Anna hat mehr Geld als Lisa.

d) Tom und Anna haben gleich viel Geld.

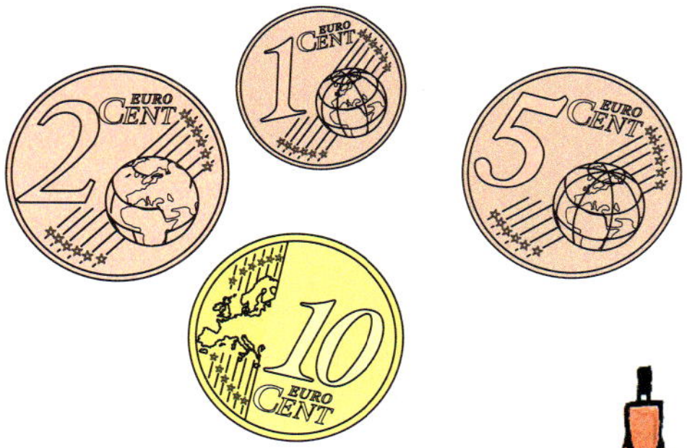

10 a) Zeichne einen Kreis um den Punkt M mit einem Radius von 6 cm.

b) Zeichne um den gleichen Punkt M einen Kreis mit einem Radius, der halb so groß ist wie der Radius des ersten Kreises.

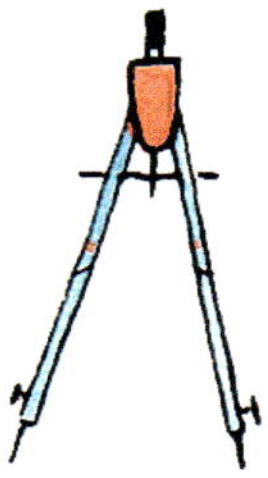

11 Durchmesser (d) und Radius (r) gesucht

a) r = 8 cm d = cm
r = 4 cm d = cm
r = 30 cm d = cm

b) d = 10 cm r = cm
d = 12 cm r = cm
d = 80 cm r = cm

12 Gib die Vormittagszeit und die Nachmittagszeit an.

a) 

Uhr

Uhr

b) 

Uhr

Uhr

c) 

Uhr

Uhr

d) 

Uhr

Uhr

e) 

Uhr

Uhr

13 Ergänze zur nächsten vollen Stunde.

17:45 Uhr —(+ min)→ 18:00 Uhr

14:50 Uhr —(+ min)→ 15:00 Uhr

6:35 Uhr —(+ min)→ 7:00 Uhr

10:20 Uhr —(+ min)→ 11:00 Uhr

P

Projektidee: Zahlen überall

1 Hausnummern sehen unterschiedlich aus.

Ordne. Beginne mit der größten Zahl.

2 Fertige ein Kalenderblatt zu dem Monat an, in dem du Geburtstag hast.

a) Färbe den Tag, an dem du in diesem Jahr Geburtstag hast.

b) An welchem Tag hattest du im vergangenen Jahr Geburtstag?

c) An welchem Tag wirst du im nächsten Jahr Geburtstag haben?

3 Wann haben die Kinder Geburtstag?

a) Tom hat 6 Monate und 5 Tage nach Anna Geburtstag.

b) Ben hat genau einen Monat vor Anna Geburtstag.

c) Lisa hat 3 Wochen nach Anna Geburtstag.

d) Maria hat 1 Woche und 2 Tage vor Anna Geburtstag.

1: Zahlen nach Vorschrift ordnen
2: Kalenderblatt erstellen
3: Geburtstage errechnen

4

Das ist ein Ausschnitt aus dem Kupferstich „Die Melancholie“ von Albrecht Dürer aus dem Jahr 1514. Du findest darauf ein Zauberquadrat.

Finde im Zauberquadrat 4 Zahlen, deren Summe 34 ergibt.
Beispiele: 16 + 5 + 9 + 4 = 34

oder 7 + 12 + 14 + 1 = 34

Finde möglichst viele solcher Summen.

5 a) Finde die Zauberzahl.
Bilde dazu die Summen der Zahlen
jeder Zeile, z. B. 2 + 9 + 4 =
jeder Spalte, z. B. 2 + 7 + 6 =
jeder Diagonale, z. B. 4 + 5 + 6 =

2	9	4
7	5	3
6	1	8

Die Zauberzahl heißt:

b) So kannst du ein eigenes Zauberquadrat finden:
Addiere zu jeder Zahl des Zauberquadrats die gleiche Zahl: z. B. 2 + 4 = 6, 9 + 4 = 13

6	13	

Trage die neuen Zahlen in das Quadrat ein.

Die Zauberzahl heißt:

6 An einer spanischen Kirche in der Stadt Barcelona ist diese geheimnisvolle Tafel mit Zahlen angebracht.

a) Berechne die Summe aus allen Zahlen, die in den Ecken des Zauberquadrats stehen.

b) Bilde weitere Summen aus 4 Zahlen der Tafel, die das gleiche Ergebnis haben.

4 und 5: Inhalt erfassen; Summen mit gleichem Ergebnis bilden
6: Zauberzahl ermitteln; analoges Zauberquadrat finden; weitere Möglichkeiten diskutieren

Projektidee: Mathematik zum Staunen und Spielen

1 Zähle die Bäume.

Schließe die Augen für einen Moment. Öffne sie wieder und zähle nochmals.

Was stellst du fest?

2 In der Hundertertafel sind Rätsel versteckt. So findest du sie: Ordne jeder Zahl den richtigen Buchstaben zu.

1	A	3	4	5	B	7	8	9	●
11	●	●	●	15	●	●	C	●	20
●	●	D	●	●	26	E	●	●	●
●	32	●	34	F	●	●	●	●	40
41	●	G	●	45	H	●	●	I	J
K	●	53	●	●	56	●	●	59	●
61	62	L	●	M	●	N	68	●	●
O	●	●	P	●	●	Q	●	R	●
●	S	●	T	●	86	●	U	V	W
●	●	X	●	95	●	●	Y	●	Z

1. Rätsel:
Was haben ein Buch und ein Baum gemeinsam?

6	63	2	84	84
B				

2. Rätsel:
Welcher Hase läuft auf zwei Beinen?

2	67	43	82	84	46	2	82	27

3. Rätsel:
Was hat Zähne und kann nicht beißen?

6	79	49	27	35	65	2	79	51	27

3 Lege 3 Stäbchen so um, dass 5 Quadrate entstehen.

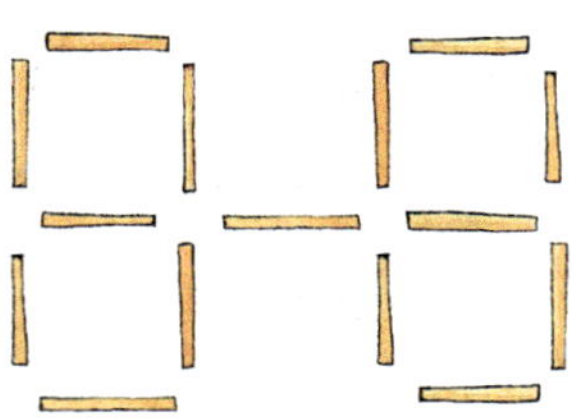

4 Nimm 5 Stäbchen so weg, dass 3 Quadrate übrig bleiben.

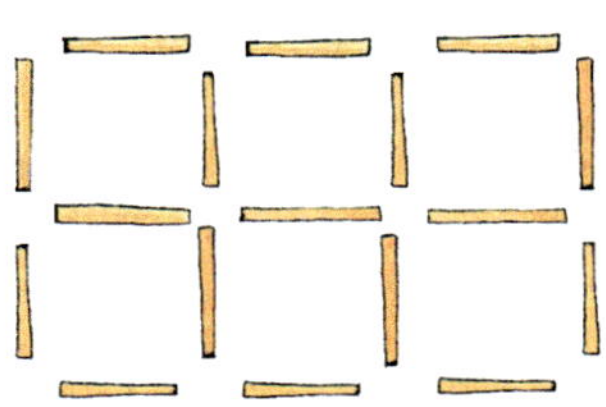

1: Anzahl der Bäume ermitteln; unterschiedliche Ergebnisse erörtern
2: Verdeckte Zahlen finden; Zuordnung: Buchstabe – Zahl
3 und 4: Geforderte Anzahl von Quadraten nach Vorgabe erzeugen

1	2	3	4	5	6	7	8	9	10
11	12	13	14	15	16	17	18	19	20
21	22	23	24	25	26	27	28	29	30
31	32	33	34	35	36	37	38	39	40
41	42	43	44	45	46	47	48	49	50
51	52	53	54	55	56	57	58	59	60
61	62	63	64	65	66	67	68	69	70
71	72	73	74	75	76	77	78	79	80
81	82	83	84	85	86	87	88	89	90
91	92	93	94	95	96	97	98	99	100

5 Addiere über Kreuz. Was stellst du fest?

16	17
26	27

a)

5	6
15	16

b)

31	32
41	42

c)

44	45
54	55

d)

29	30
39	40

e)

27	28
37	38

f)

25	26
35	36

6 Finde Zahlenpaare zur Summe:

a) 42 b) 59 c) 100 d) 74

e) 23 f) 45 g) 39 h) 99

> Zahlenpaar: 15 / 25 zur Summe: 40
>
> 15 + 25 = 40
>
> Zahlenpaar: 12 13 zur Summe: 25
>
> 12 + 13 = 25

7 Wahr w oder falsch f in der Hundertertafel?

a) Unter jeder geraden Zahl steht stets eine gerade Zahl.

b) Jede Spalte beginnt mit einer ungeraden Zahl.

c) Jede Zeile beginnt mit einer ungeraden Zahl und endet mit einer geraden Zahl.

5: Additionsaufgaben bilden und lösen, Ergebnis erörtern
6: Summanden zur Summe finden
7: Entscheidung begründen

P

Projektidee: Mathematik in der Kunst

Victor Vasarely (1906 – 1997) nannte dieses Bild von 1973 „Folk-Lor“.

1 Betrachte das Bild und lass es auf dich wirken. Erzähle, was du dir dabei denkst.

2 Welche geometrischen Formen kannst du erkennen?

3 Experimentiere selbst mit geometrischen Formen und Farben. Gestalte Bilder nach deinen eigenen Ideen.

Diese Muster nennt man auch Ornamente.

4 Beschreibe sie.

5 Finde weitere Beispiele für Ornamente in deiner Umgebung.

6 Übertrage die Ornamente in dein Heft und setze sie fort.

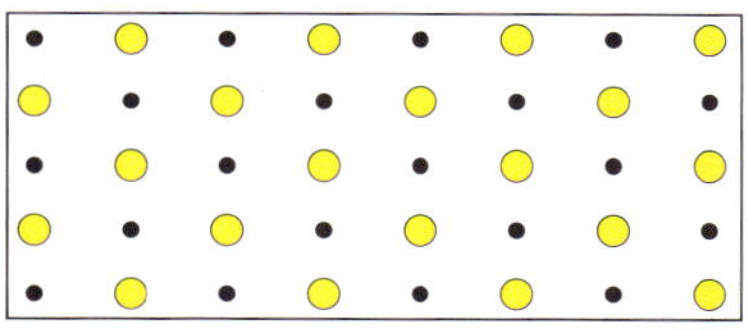

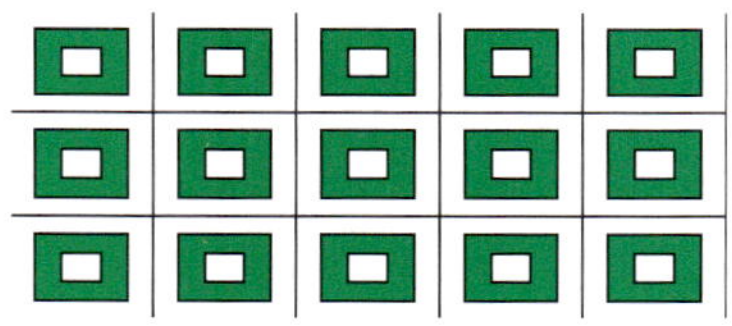

7 Versuche selbst Ornamente zu entwerfen.

8 Hier stimmt doch etwas nicht!
Sind die Plattformen gleich lang oder nicht?
Überprüfe und erkläre.

Mathe*freunde* 2

Ausgabe Nord

Herausgegeben von
Edmund Wallis, Leipzig

Erarbeitet von
Catrin Elies, Stendal; Kathrin Fiedler, Görlitz; Ursula Kluge, Kühnitzsch; Nancy Lopp, Magdeburg; Isabel Miedtke, Zwickau; Jana Richter, Erfurt; Jana Scherbaum, Halberstadt; Birgit Schlabitz, Berlin; Edmund Wallis, Leipzig

Unter Beratung von
Ramona Beckmann, Rostock; Silvia Ehrlich, Neubrandenburg; Heidrun Ertel, Tröbnitz; Rita Hetzel, Marienwerder

Redaktion: Susanne Knipper, Uwe Kugenbuch
Illustration: Daniel Müller; Uta Bettzieche (Hunde)
Grafik: Christine Wächter
Umschlaggestaltung: tritopp, Berlin; Daniel Müller (Illustration)
Layout und technische Umsetzung: Ines Schiffel; LemmeDESIGN, Berlin

Bildnachweis: S.23: Max Rossi (Rennen); Tim Graham/Corbis (Gleise); stock.adobe.com/Simone Werner-Ney (Zaun); actionpress/MCPHOTO (Schild); S.38, 39, 44: Deutsche Bundesbank; S.51: akg-images/Mel Lonhurst (Mosaik); picture-alliance/dieKLEINERT.d (Muster); Shutterstock/Irina Moss (Strickmuster); picture-alliance/Westend61 (Parkett); S.99: Peter Wirtz, Dormagen; S.100: Skip Moody – Rainbow/Science Faction/Corbis (Schmetterling); imago/imago/Westend61 (Flugzeug); Colourbox.com (Drachen); picture-alliance/WILDLIFE (Ahorn); S.138: Jens-Uwe Mertens; S.139: akg-images (Dürer); IMAGO (Zahlentafel); S.142: © VG Bild-Kunst, Bonn 2015/akg-images/Victor Vasarely, Folk-Lor, 1973; S.143: akg-images/bildwissedition (2); Colourbox.com/Milena Lazovic; Colourbox.com; Sandro Di Carlo Darsa/PhotoAlto/laif.

www.cornelsen.de

1. Auflage, 9. Druck 2022

Alle Drucke dieser Auflage sind inhaltlich unverändert
und können im Unterricht nebeneinander verwendet werden.

Druck: Firmengruppe APPL, aprinta Druck, Wemding

ISBN 978-3-06-083713-7(Schülerbuch)
ISBN 978-3-06-083774-8 (E-Book)